Tous nos ouvrages sont disponibles aux

Éditions Decoopman
Ferrières
30440 Saint-Laurent-le-Minier
Tel : +33 (0)4.67.73.90.95
web : www.decoopman.com
e.mail : livres@decoopman.com

Olivier Lacaux
Jean Castanier

I.S.B.N. 978-2-36965-090-4
Dépot légal : 2e trimestre 2018

ÉCHAPPEMENTS À ANCRE

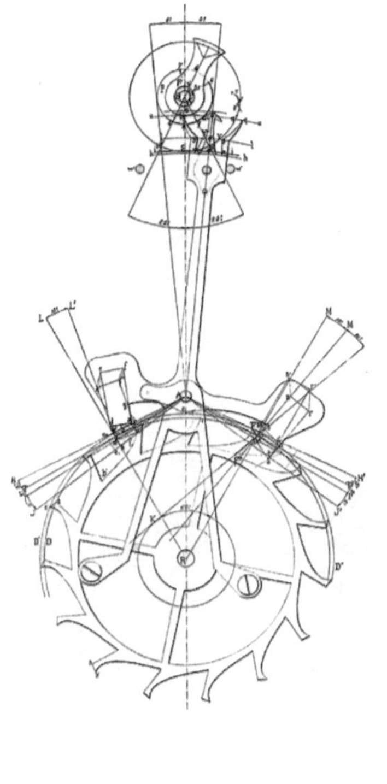

ÉCOLE NATIONALE
D'HORLOGERIE DE CLUSES

L'échappement est un mécanisme placé à la fin du rouage pour servir de liaison entre ce dernier et le régulateur.

Son but, de ne laisser échapper les dents de la dernière roue qu'à des intervalles de temps réguliers, explique son nom.

C'est par l'intermédiaire de l'échappement que le pendule dans les horloges et le balancier dans les montres, après avoir arrêté périodiquement le mouvement produit par le moteur, reçoivent la force nécessaire à l'entretien du mouvement.

Les échappements connus peuvent se ranger en trois classes :

1. Les échappements à recul ;
2. Les échappements à repos ;
3. Les échappements libres.

1. Un échappement est dit à recul quand le régulateur (pendule ou balancier), après avoir reçu l'impulsion, fait rétrograder la roue d'échappement pendant qu'il décrit son arc supplémentaire. A cette classe appartiennent l'échappement à verge ou à palettes et quelques échappements à ancre pour pendules ;
2. Un échappement est dit à repos quand la roue d'échappement pendant l'arc supplémentaire, fait repos directement ou indirectement sur l'axe du balancier ou du pendule ; le régulateur a ainsi à vaincre, pendant l'arc supplémentaire, la pression de la roue d'échappement.
   Cette classe comprend les échappements à cylindre, duplex, à virgule, à double virgule, Graham, chevilles, rouleaux, etc. ;
3. Un échappement est libre quand le régulateur décrit librement son arc supplémentaire, c'est-à-dire en toute indépendance de la pression du rouage. Tels sont les échappements à ancre droit, de côté, à ancre anglais, à ancre mixte, à détente-ressort, à détente-pivotée, etc...

Complétons cette classification en disant qu'on désigne sous le nom d'échappements à force constante ceux dans lesquels la force motrice agit toujours avec la même intensité sur le régulateur, ce dernier éprouvant lui-même constamment la même résistance pour dégager le repos.

1 - Historique

L'invention des horloges proprement dites, c'est-à-dire celles dans lesquelles un poids est employé comme moteur et qui possèdent un échappement à verge et un foliot, est généralement attribuée au moine français Gerbert, d'Aurillac, qui devint pape sous le nom de Sylvestre II[1] et qui mourut en 1005. Mais la marche de ces horloges fut d'abord très irrégulière et ce n'est que longtemps après cette époque, qu'elles supplantèrent complètement les sabliers et les clepsydres.

La découverte du pendule par Galilée en 1594 allait apporter une amélioration capitale dans leur marche.

L'illustre astronome italien n'employa pas seulement le pendule pour observer certains phénomènes célestes de courte durée, mais il entrevit encore, dans ses dernières années, la possibilité d'entretenir le mouvement d'un pendule au moyen d'un échappement ; sur ses données, son fils Vincenzo entreprit la construction d'un tel mécanisme. Galilée fils mourut en 1649, quelques années seulement après son père, sans avoir terminé son oeuvre.

L'honneur d'avoir le premier, en 1657, remplacé le foliot des horloges par un pendule revient à un célèbre physicien et astronome hollandais Huyghens (1629-1697). Ce savant démontra aussi que les oscillations d'un pendule ne sont isochrones que si le centre d'oscillation décrit des arcs de cycloïde et pour cette raison adapta à la suspension du pendule des courbes cycloïdales.

Mais il n'obtint pas de cette découverte les résultats qu'il en attendait, toutefois il fut constaté que lorsque le cheminement d'un pendule est limité à 4 ou 5°, l'arc de cercle décrit se confond avec une cycloïde.

Aussi, dans le but de bénéficier de cette constatation de l'isochronisme des petites oscillations qui sont impossibles à obtenir

[1] Ce pape était surnommé le "Pape de l'an mil" et se serait beaucoup intéressé à l'Alchimie (NDE).

avec l'échappement à verge, les savants se mirent-ils à la recherche d'un nouvel échappement permettant l'emploi d'un pendule long et lourd avec de petits arcs de vibration.

C'est dans ces conditions qu'un horloger anglais, Clément, construisit vers 1670 un échappement à ancre à recul dont l'invention paraît appartenir au docteur Hooke, de Londres.

Au commencement du XVIIIe siècle, un autre savant horloger anglais, Graham, transforma l'échappement à recul de Hooke en un échappement à repos auquel il donna son nom. C'est l'échappement. de Graham que nous employons encore aujourd'hui dans les meilleurs régulateurs.

Les premières montres datent de 1500 environ et auraient été exécutées en Allemagne par Pierre Henlein, de Nuremberg. Il se peut que telle soit leur origine, mais déjà en France, sous le règne de Louis XII mort en 1515, il se construisait des montres et sous François Ier (1515-1547) l'horlogerie française occupait le premier rang.

Ces montres étaient munies de l'échappement à verge, deux siècles après, cet échappement était encore le seul en usage.

La première montre avec échappement à repos fut en effet construite vers 1695 par un horloger anglais, Tompion.

On conçoit au fait qu'une telle découverte ne pouvait que suivre celle du spiral faite en 1675, puisqu'il est indispensable que l'organe régulateur d'un échappement à repos ou libre possède lui-même la propriété oscillante. L'invention du spiral est revendiquée par Huyghens, Hooke et l'abbé Hautefeuille, d'Orléans,

Successivement, et pour ne citer que les principaux types d'échappements, Graham imagine vers 1715 l'échappement à cylindre, deux horlogers français, Dutertre, en 1724 et Amant, en 1741, les échappements duplex et à chevilles, Pierre Leroy, en 1748, l'échappement libre à détente, Caron de Beaumarchais, en 1754, l'échappement à double virgule, l'anglais Mudge, vers 1764, le premier échappement libre à ancre, Ferdinand Berthoud, en 1770, l'échappement à détente-ressort et Abrah. Bréguet, en 1801, le tourbillon qui porte son nom.

2 - Échappements libres à ancre

Le premier échappement libre à ancre a été construit vers 1764 par Thomas Mudge, de Londres.

Cette invention tient de l'ancre à recul de Hooke, transformé en échappement à repos par Graham et de l'idée qu'ont eue Huyghens et l'abbé Hautefeuille de faire intervenir un levier pour agrandir les arcs de vibration.

Huyghens avait construit un échappement à verge dans lequel la verge, au lieu de porter le balancier, portait une roue dentée rivée sur son axe engrenant avec un pignon formant l'axe du balancier ; l'abbé Hautefeuille, un ancre à recul presque identique à celui de Hooke dans lequel l'ancre portait un râteau denté engrenant avec un pignon ajusté sur l'axe du balancier.

Deux horlogers genevois, Pouzait vers 1785 et Tavan, au commencement du XIXe siècle, sont les premiers qui aient perfectionné l'ancre libre de Mudge.

L'échappement à ancre, dont il existe aujourd'hui un très grand nombre de variétés, occupe maintenant une première place dans l'horlogerie de précision et nous pouvons prévoir que dans une époque rapprochée, toutes les montres de poche seront pourvues de ce mécanisme.

D'après ce qui précède, il faut ranger les échappements à ancre en deux catégories :

1. Les échappements à ancre pour pendules, généralement à repos, quelques-uns à recul, et qui n'admettent que des arcs de faible amplitude ;
2. Les échappements à ancre pour montres, de la classe des échappements libres, et qui admettent de grands arcs de vibration.

Nous allons étudier les plus usités des échappements à ancre pour montres, en donner la description, indiquer la manière de les tracer, les principes à suivre pour les exécuter avec succès.

Dans un opuscule spécial, nous nous occuperons des échappements de pendules.

3 - Ancre droit

Description de l'échappement

Les figures 1, 2, 3, 4 et 5 de la planche I représentent cet échappement en plan et en élévation.

- R, roue d'échappement portant des dents assez longues terminées par un plan incliné présentant la forme d'une petite tête ou marteau ;
- A, axe du balancier ;
- P, grand plateau ajusté à frottement dur sur l'axe du balancier ;
- *p*, petit plateau ajusté à frottement dur sur l'axe du balancier ;
- B, bouton ou doigt de dégagement fixé au grand plateau ;
- E, ancre fixé à un axe et mobile avec lui ; cette pièce porte deux bras, *b* et *b'*;
- L et L', leviers en rubis, gommés dans les entailles pratiquées dans les bras *b* et *b'* ; ces leviers sont terminés extérieurement par les plans d'impulsion *m n* et *m' n'*.
- F, fourchette qui, dans les tracés fig. 1 et 3, est le prolongement de l'ancre en contre-haut et qui se termine par les deux cornes ou fourchons *f* et *f'* ; le mouvement angulaire de cette pièce est limité par deux goupilles ou par les faces d'une creusure dans laquelle elle chemine.
- G, contrepoids servant à équilibrer l'ancre et la fourchette ;
- D, dard fixé à la fourchette au moyen d'une vis et d'un pied et empêchant le renversement de cette dernière.

Jeu de l'échappement

Le tracé figure 2, planche I, représente l'échappement lorsque la montre n'est pas remontée. Dans cette position, le spiral est à zéro tension, le balancier est immobile et placé à l'égard de l'ancre d'une manière telle que le bouton B se trouve engagé au milieu de l'entaille de la fourchette.

Cela posé, si l'on arme le ressort moteur, la roue R (fig. 2) entre en mouvement et la dent *d*, agissant sur le levier L, fait mouvoir la fourchette de gauche à droite ; celle-ci pousse par sa partie *s t* le bouton B du grand plateau jusqu'en B' (fig. 3) et produit ainsi une demi-levée, puis la dent *d* quittant le plan incliné *m n*, la dent *d'* tombe au repos avec une légère chute sur le levier L' qui s'est abaissé par l'effet du mouvement précédent.

A l'instant où la demi-levée est accomplie et en vertu de l'impulsion qu'il a reçue lors du passage de la dent *d* sur le levier L, le balancier poursuit librement son mouvement de gauche à droite entraînant avec lui le bouton R qui sort du creux de la fourchette.

Ce mouvement de gauche à droite, pendant lequel le spiral continue à s'armer, dure jusqu'à ce que ce dernier devienne assez résistant pour faire équilibre à la force d'impulsion donnée par la roue d'échappement. Quand cet effet a lieu, le spiral s'arrête, après quoi il va se détendre pour ramener le balancier en sens inversé de son premier mouvement.

Le bouton B, rentrant dans l'entaille de la fourchette, attaque le flanc *st*, entraîne la fourchette et l'ancre et dégage ainsi le repos du levier L'. A ce moment, la dent *d'* n'étant plus retenue, agit sur l'incliné *m' n'*, fait ainsi prendre à la fourchette une accélération de vitesse sur celle du balancier et le flanc *s'f* attaquant le bouton B, le pousse jusqu'en B'' (fig. 1), en produisant une nouvelle impulsion totale et en sens inverse de la première.

La dent d'' (fig 1) vient ensuite faire repos sur le levier L qui s'est abaissé dans le mouvement précédent ; quant au balancier, il poursuit librement, comme dans la vibration précédente, son mouvement de droite à gauche pendant que la roue fait repos.

La vibration étant terminée, le balancier, ramené par le spiral, revient de gauche à droite, dégage le levier L, et les effets ci-dessus se répètent jusqu'à extinction de la force motrice.

De la levée

Le jeu de l'échappement étant bien compris, observons qu'une oscillation totale du balancier comprend deux parties principales :

Le balancier, ramené par le spiral dans le sens de la flèche *f*, attaque la fourchette, occupant la position AC (fig. 6), par son *doigt, bouton* ou *ellipse* B et l'amène dans la position A C'. Cette première partie de l'oscillation totale du balancier, pendant laquelle le doigt est en contact

PLANCHE I

Ancre droit

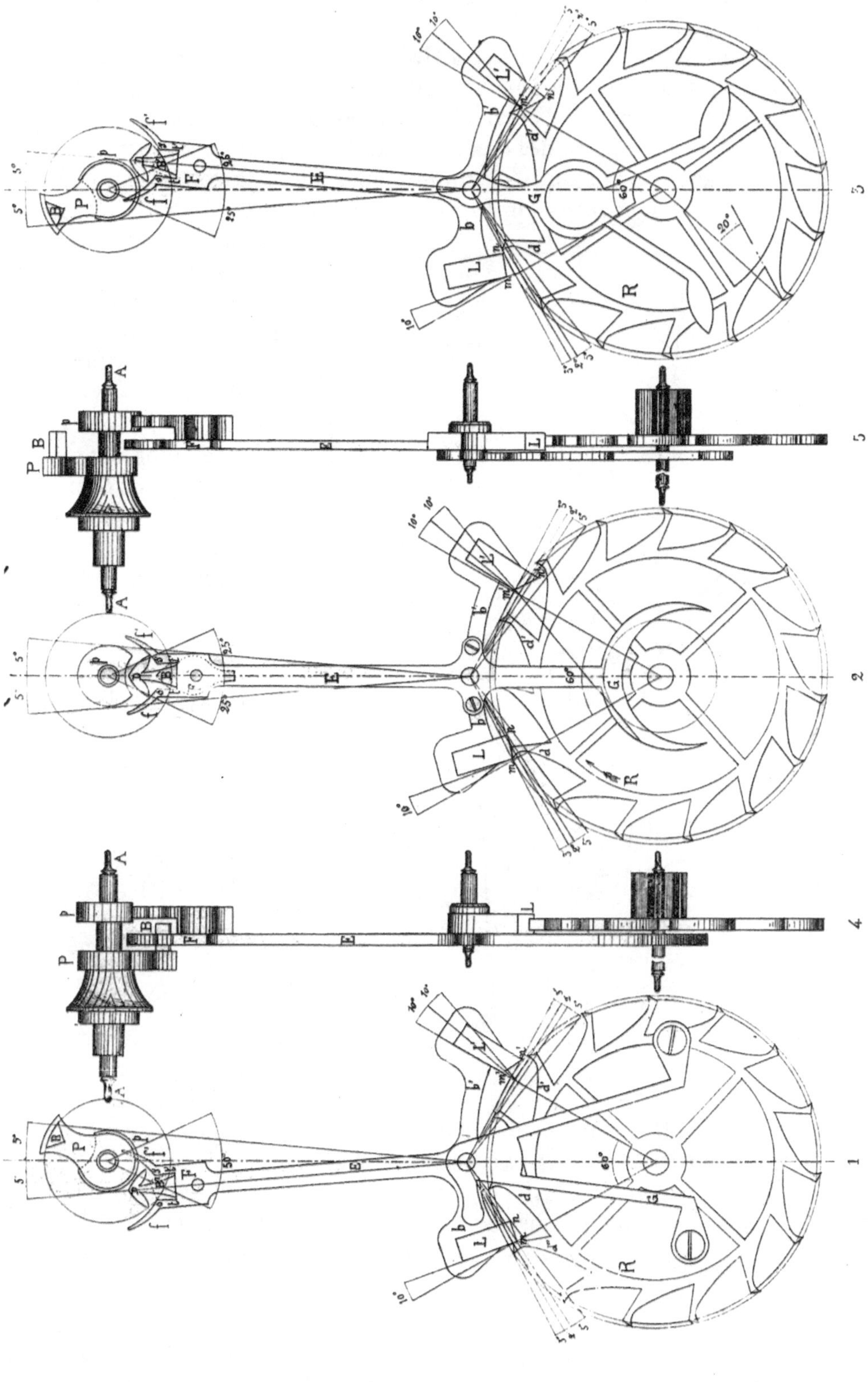

avec la fourchette, s'appelle généralement *arc de levée, levée totale* ou *levée apparente.*

Lorsque la fourchette est arrivée en C', le doigt l'échappe et le balancier continue librement son oscillation, sans éprouver aucune pression, ni contact ; il décrit alors tout ou partie de l'arc C'D'DCR'R. C'est la seconde partie de l'oscillation que l'on appelle *arc supplémentaire.*

La levée apparente CC', comme nous allons le voir, comprend à son tour le *dégagement*, un *temps perdu* et l'*impulsion.*

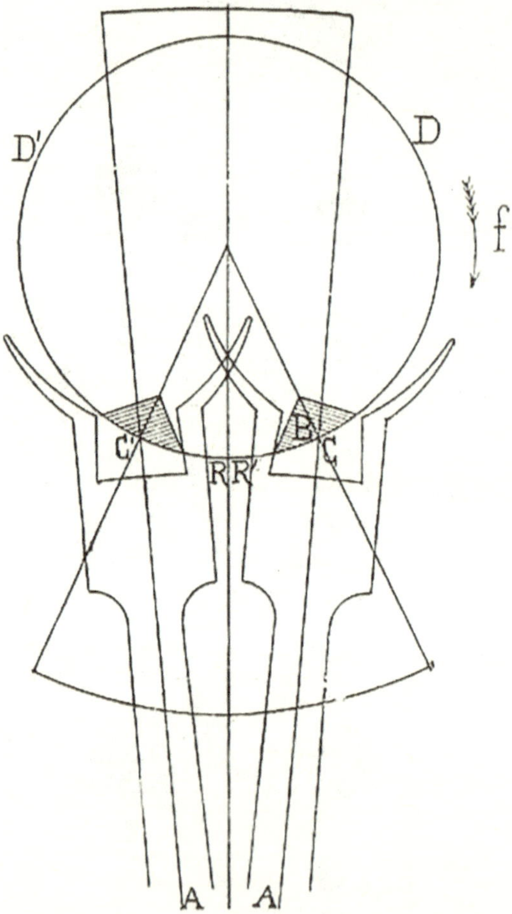

Fig. 6.

Pour bien nous rendre compte de ces trois périodes différentes de la levée apparente, servons-nous des figures 7, 8, 9 et 10.

La figure 7 représente le doigt au moment où il vient se mettre en contact avec la fourchette : il va l'entraîner, et cet effet aura pour résultat de dégager de la roue le levier de sortie L'. Le dégagement dure jusqu'à ce que le plan d'impulsion *m' n'* du levier arrive devant le plan incliné de la dent *d'*, cette position est représentée par la fig. 8.

Pendant le dégagement, le balancier et la fourchette ont la même vitesse.

Une fois le dégagement opéré (fig. 8), la roue, agissant sur l'incliné du levier L' fait prendre subitement à la fourchette une accélération de vitesse sur celle du balancier et alors la face *s t* de la fourchette prend le devant sur le bouton B (fig. 9). C'est à ce moment que se produit le temps perdu, c'est-à-dire le temps que met la face *s't'* pour rattraper le balancier et pendant lequel le balancier et la fourchette ne sont plus en contact.

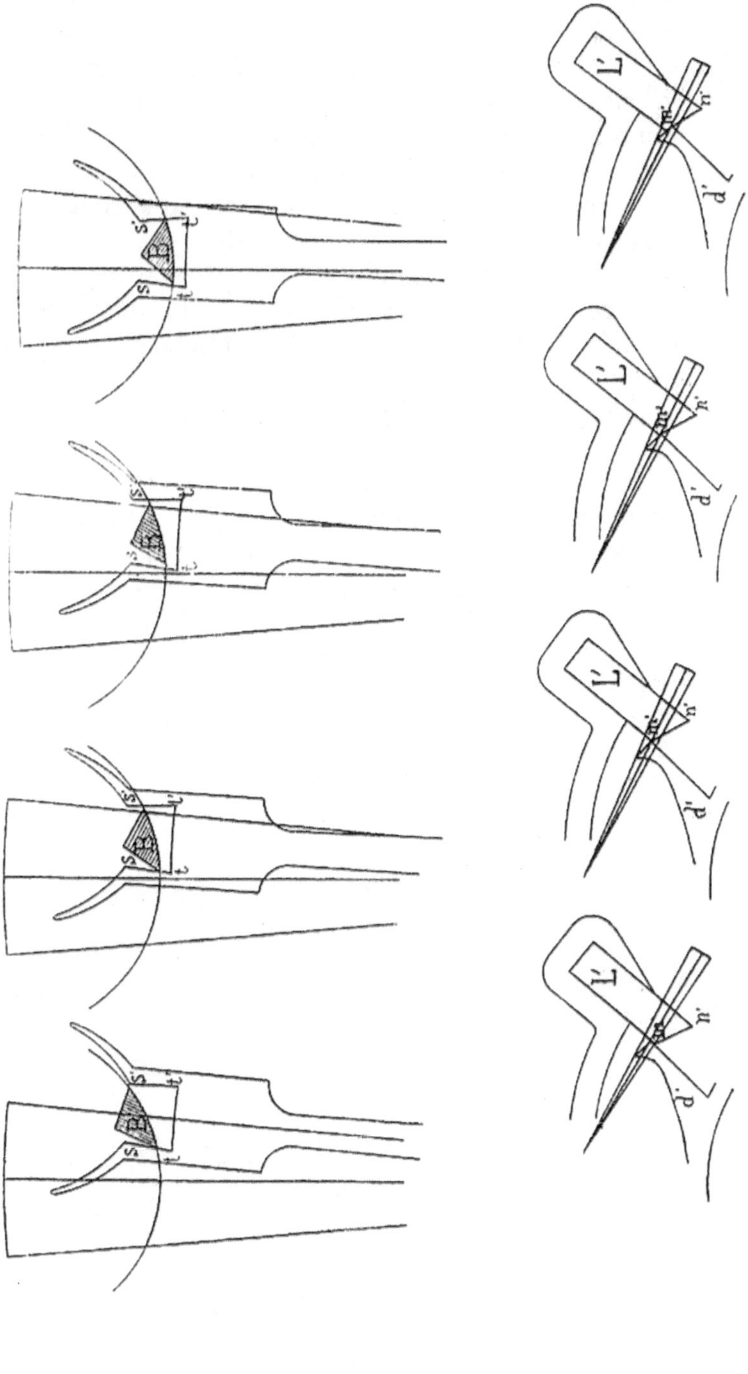

Fig. 10

Fig. 9

Fig. 8

Fig. 7

Ce temps est très court, car l'accélération que la roue fait prendre à la fourchette amène bien vite la face *s't'* en contact avec le bouton B (fig. 10). A cet instant, commence l'*impulsion* ou *levée réelle,* laquelle dure jusqu'en C' (fig. 6).

Arrivée en C', la fourchette butant contre l'entaille de la platine cesse d'entraîner le balancier et celui-ci, en vertu de l'impulsion qui vient de lui être communiquée, décrit, ainsi qu'on l'a vu, l'arc supplémentaire pendant lequel s'arme le spiral. Lorsque la résistance de ce dernier arrive à neutraliser l'impulsion du balancier, celui-ci s'arrête puis le spiral se détend en ramenant le balancier en arrière.

Les effets que nous venons d'indiquer vont alors se reproduire : la fourchette, occupant la position AC' (fig. 6), va être amenée par le bouton dans la position AC, le balancier recevra une nouvelle impulsion en sens inverse de la première, décrira tout ou partie de l'arc supplémentaire CDD'C'RR' pour être de nouveau ramené par le spiral.

Il est à remarquer que la levée réelle, c'est-à-dire l'effet utile pour l'entretien du mouvement du régulateur, sera d'autant plus grande relativement à la levée apparente que la pénétration des leviers dans la roue et le jour laissé entre le bouton et les faces de l'entaille seront moindres.

4 - Organes de sûreté

Dard et petit Plateau

Pendant toute la durée de l'arc supplémentaire, la fourchette reste alternativement dans l'une des positions AC ou AC' (fig. 6), appuyée contre l'une des faces de la creusure dans laquelle elle chemine. Elle y est maintenue par la pression de la roue d'échappement agissant sur un des leviers au repos. Mais il peut arriver, à la suite d'une secousse assez forte par exemple, que cette pression de la roue soit impuissante à maintenir la stabilité de l'ancre.

Dans ce cas, la fourchette passe de la position de droite à la position de gauche ou réciproquement et, lorsque le spiral ramène le balancier pour dégager le repos, le bouton B, au lieu de rentrer dans l'entaille de la fourchette, rencontre en R ou en R' l'extérieur de la base de l'une des cornes et le jeu de l'échappement est détruit : on dit que l'échappement a renversé.

De ce qui précède, on appelle donc *renversement* un arrêt de l'échappement occasionné par un déplacement accidentel de la fourchette, déplacement à la suite duquel le doigt d'impulsion ne peut plus rentrer dans l'entaille et vient frapper contre l'extérieur de

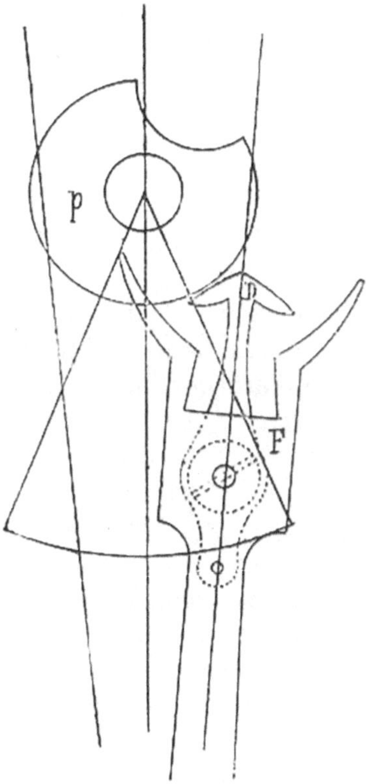

Fig. 11.

la base de l'une des cornes. Il importe de prévenir cette cause d'arrêt immédiat et l'on appelle *organes de sûreté* les pièces que l'on emploie pour empêcher le renversement de se produire : ces pièces sont le petit plateau[2] *p*, fixé sur l'axe du balancier, et le dard[3] D, fixé par pied et vis sur la fourchette F (fig. 11).

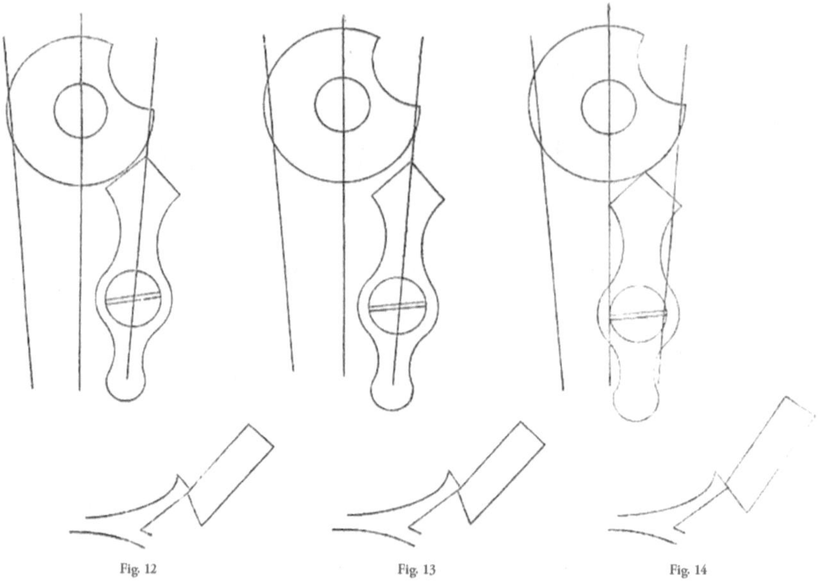

Fig. 12 à 14.

Si la fourchette, par l'effet d'une secousse quelconque, tend à passer accidentellement de la position A C à la position A C' ou réciproquement, le dard vient bientôt s'appuyer contre le petit plateau *p* ; de ce fait, la fourchette ne peut passer outre et le bouton pourra rentrer dans l'entaille.

A l'état ordinaire, le dard ne doit pas toucher au petit plateau afin que le balancier puisse décrire librement l'arc supplémentaire. Toutefois, le jour qu'il convient de laisser entre ces deux pièces doit être très petit (fig. 12), c'est-à-dire strictement suffisant pour éviter le frottement. Toute exagération dans ce jour(fig. 13) serait sans avantage et aurait pour inconvénient de laisser les dents de la roue se placer sur les plans d'impulsion lorsque le dard, par suite d'une secousse, serait amené en contact avec le petit plateau (fig. 14) : un tel effet, on le conçoit aisément, nuirait considérablement au réglage.

---

[2] Par opposition au grand plateau qui porte le doigt d'impulsion.

[3] Ainsi appelé à cause de sa forme dégagée, rappelant celle d'un dard.

Remarquons aussi qu'il pourrait y avoir contact du dard et du petit plateau, ou trop de jour entre ces deux pièces, si le petit plateau était mal rond, ou si la tête du dard était plus inclinée d'un côté que de l'autre.

Le contact du dard avec le petit plateau ne doit être qu'accidentel, c'est-à-dire toujours le résultat de violentes secousses. On évitera aussi qu'il se fasse trop près de la ligne des centres et que le dard agisse par sa pointe sur le petit plateau, car un contact dans de telles conditions engendrerait un frottement et un arc-boutement capables de suspendre la marche du balancier et de détruire promptement les organes en contact.

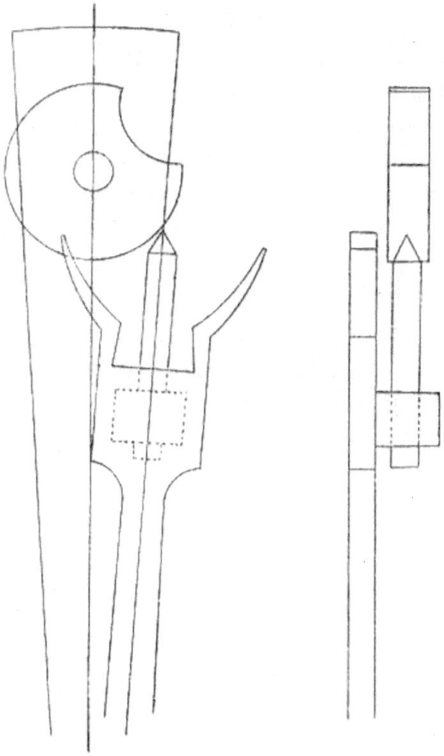

Fig. 15 à 16.

L'échancrure faite dans le petit plateau *p* et qui doit toujours être pratiquée parfaitement en face du bouton D du grand plateau, sert à laisser passer la fourchette garnie de son dard, de l'une des positions AC ou AC' à l'autre.

Elle doit être assez large pour assurer la rentrée du dard et assez profonde pour que ce dernier ne touche pas au fond par la pointe.

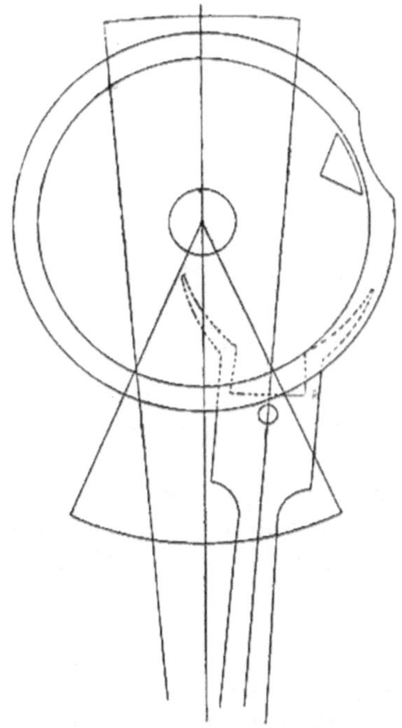

Fig. 17

Fig. 18.

Quant à la grosseur du petit plateau, elle sera le plus petit possible afin de réduire le frottement accidentel du dard sur l'axe. Généralement, dans une montre de 30 à 50 $^{m/m}$, le diamètre du petit plateau est la moitié de celui du grand, et c'est d'après cette grosseur qu'on détermine la longueur qu'il convient de donner au dard pour parer aux défauts que nous venons de signaler.

Dans les belles pièces, afin d'éviter le contact d'acier sur acier, le dard est quelquefois en or, son exécution demande alors beaucoup de soin ; il importe en effet que cette pièce soit la plus légère possible, placée comme elle l'est à l'extrémité d'un long bras de levier, la fourchette.

Mais, plus généralement, on donne au dard la forme indiquée par les fig. 12, 13 et 14.

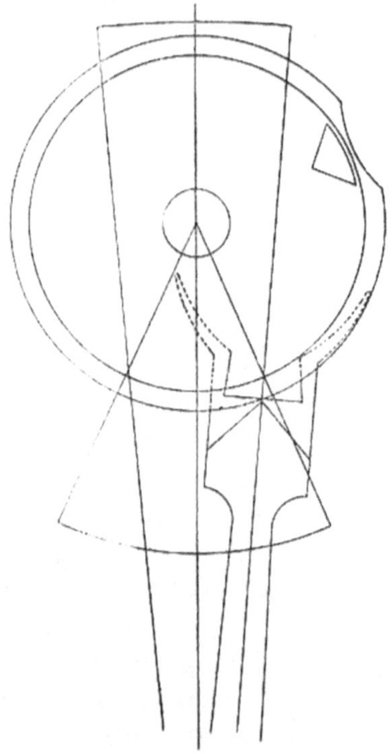

Fig. 19

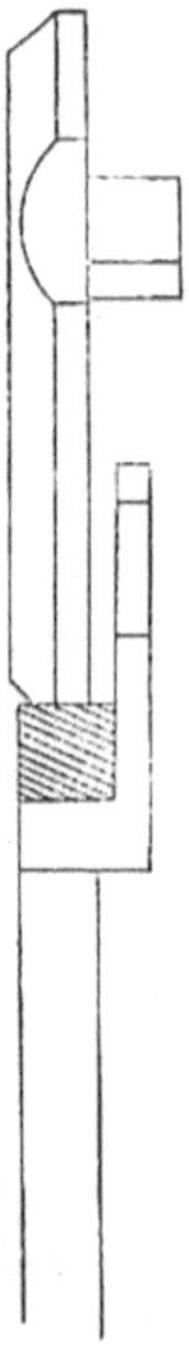

Fig. 20

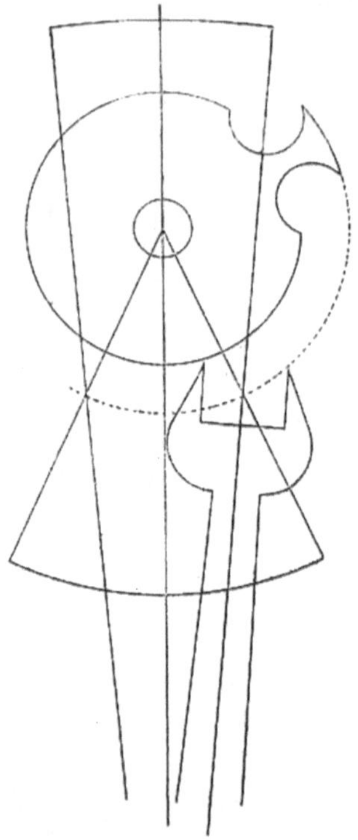

Fig. 21

Dans les montres moins soignées, le dard se résume parfois à une goupille chassée dans un plot réservé au-dessous de la fourchette (fig. 15 et 16) ; une fois en place, cette goupille est raccourcie et limée en pointe jusqu'à ce qu'elle remplisse les conditions voulues.

Dans les ancres de côté, le petit plateau est supprimé. Le dard est remplacé par une goupille implantée sur la fourchette (fig. 17 et 18), le plus près possible de l'entaille, et venant agir contre la partie extérieure du grand plateau qui, dans ce cas, ne doit pas être découpé, seule une encoche faite en face du doigt permet le passage de la goupille sur la ligne des centres pendant la levée.

D'autres fois, cette goupille est remplacée par une saillie ménagée à l'extrémité de la fourchette et dégagée en forme de pointe qui vient effleurer le fond de l'entaille de la fourchette dans le but de diminuer le plus possible le contour du disque qui porte le bouton. Comme la goupille précédente, cette saillie agit contre le corps du grand plateau pour prévenir le renversement (fig. 19 et 20).

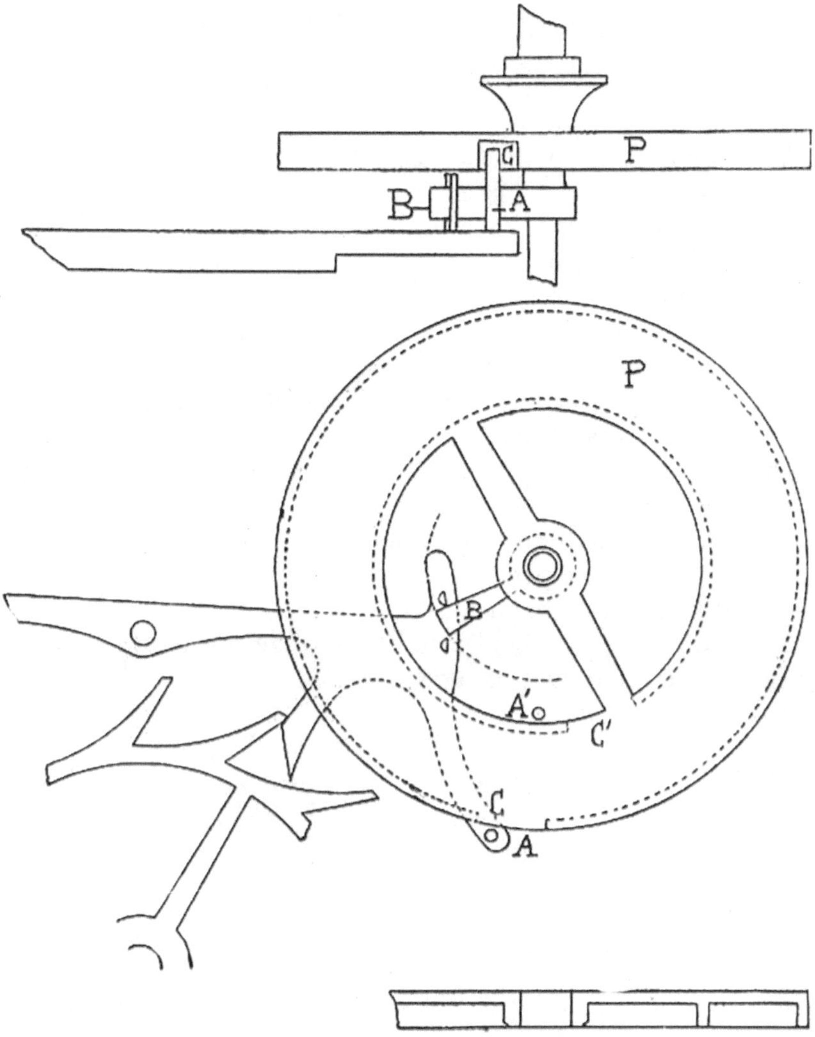

Fig. 22.

Enfin on a imaginé de supprimer les cornes de la fourchette – nous verrons plus loin qu'elles ne sont pas absolument indispensables – et d'utiliser la naissance de l'entaille pour remplir les fonctions de dard. Dans ce cas (fig. 21), le doigt peut se trouver dans le même plan que le disque contre lequel viennent agir les pointes de la fourchette.

Mais nous avons vu que le petit plateau doit être le plus petit possible or, dans ces derniers cas et surtout dans les dispositions indiquées par les figures 17 et 19, il est très grand.

Aussi, pour peu que le jeu laissé entre le dard et le contour extérieur du grand plateau soit accentué, la fourchette se rapprochera de la ligne des centres, la franchira peut-être et le dard sera ainsi sans utilité, la montre renversera.

La disposition indiquée (fig. 22) donne toutefois avec un grand disque, plus grand même que ceux des figures 17 et 19, la plus grande sûreté possible et le moins de décomposition de force, puisque la goupille de renversement agit à la tangente.

L'ancre porte un bec à l'extrémité duquel est implantée une goupille A. Lorsque la roue est au repos sur le levier de sortie, cette goupille est à une faible distance du contour extérieur du grand disque P et lorsque la roue est au repos sur le levier de rentrée, la goupille est en A', à une faible distance du contour intérieur de ce même disque. Une entrée CC' faite dans le plateau permet à la goupille de passer de l'une à l'autre de ces deux positions.

On voit de suite que, pendant l'arc supplémentaire, l'ancre étant à droite ne peut se porter à gauche parce que la goupille A bute contre le contour extérieur du disque ; réciproquement, si l'ancre est à gauche, il ne peut porter à droite parce que la même goupille vient buter contre le contour intérieur du même disque.

Pour réduire le poids du plateau P, une gorge, que montrent le plan et l'élévation est pratiquée par dessous.

5 - Du tirage

Il est indispensable d'éviter le renversement qui est une cause d'arrêt immédiat, mais le contact répété des pièces chargées de cette fonction (dard et petit plateau) est de nature à nuire considérablement au réglage.

De là la nécessité d'assurer le mieux possible la stabilité de l'ancre ou son immobilité pendant l'arc supplémentaire décrit par le balancier, afin que seules de violentes secousses puissent mettre en contact les organes de sûreté. On arrive à ce résultat au moyen du tirage, qui consiste à donner aux faces de repos des leviers de l'ancre une disposition telle qu'une dent, en faisant repos sur un de ces leviers, le sollicite à s'enfoncer dans la roue.

On sait que, dans une roue qui tourne, la force dont est animé chaque point de la circonférence est constamment dirigée suivant une tangente en ce point.

Dans la figure 23, représentant un ancre à leviers curvilignes, cette force est donc dirigée suivant MP ou AP, l'ancre étant planté en A, à l'intersection des tangentes MA et NA menées par les points de repos M et N, et la courbe de repos CD du levier de sortie étant décrite du point A comme centre.

Tous les points de cette courbe sont donc également éloignés du centre A et en quelque point que se produise la pression de la dent, l'ancre ne sera sollicité ni à pénétrer dans la roue ni à s'en éloigner.

L'ancre de la figure 24 diffère du précédent, en ce que la courbe de repos du levier de sortie est décrite du point A' situé au-dessus du centre de l'ancre. Le pointillé montre la différence de cette courbe avec celle de la figure précédente et il est facile d'observer que, dans ce cas, la roue tend à faire tourner le levier autour de son centre A, dans le sens de la flèche. Le levier est en quelque sorte attiré par la roue, raison pour laquelle on dit qu'il y a du *tirage*.

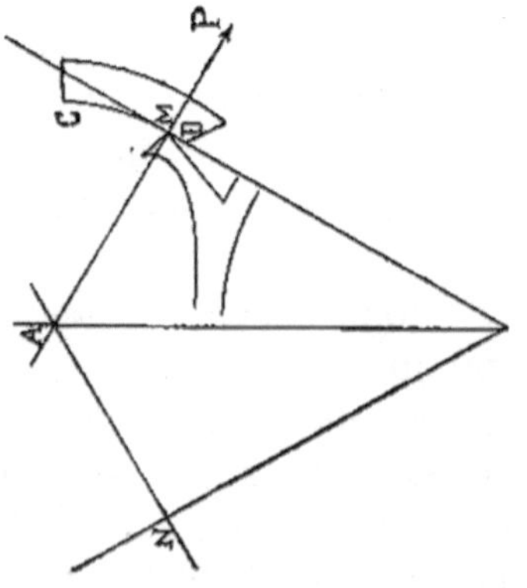

Fig. 23

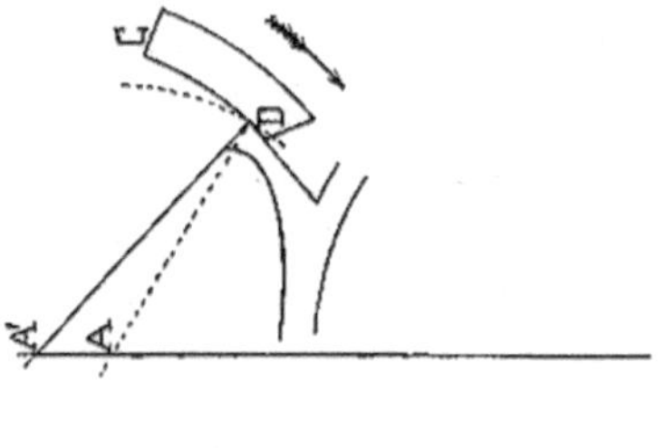

Fig. 24

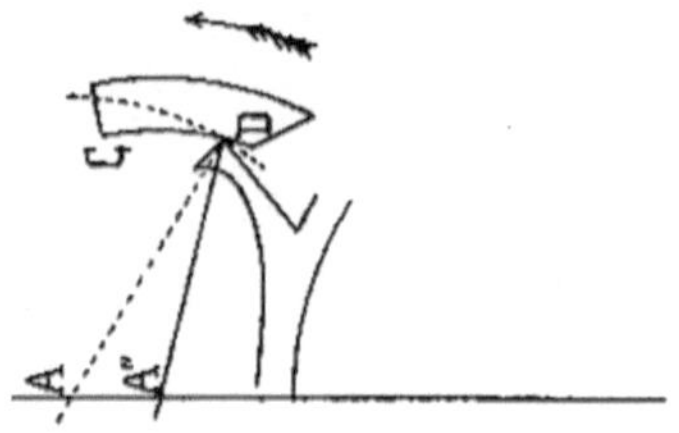

Fig. 25

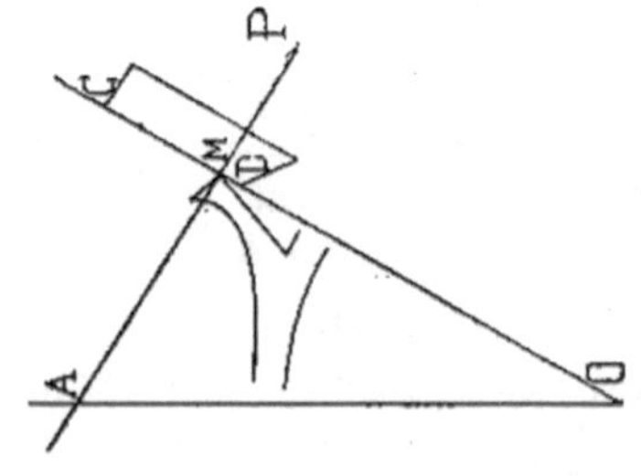

Fig. 26

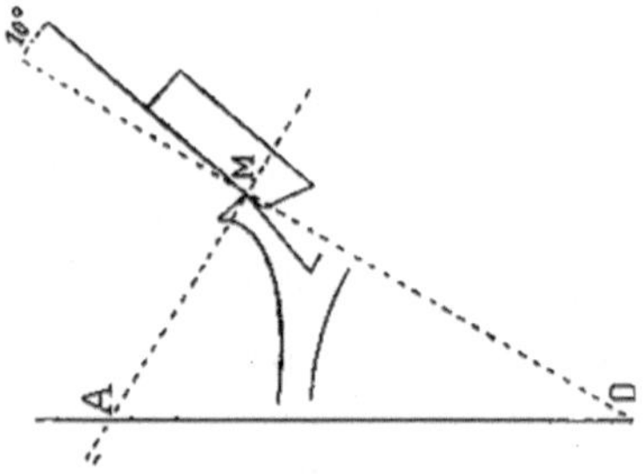

Fig. 27

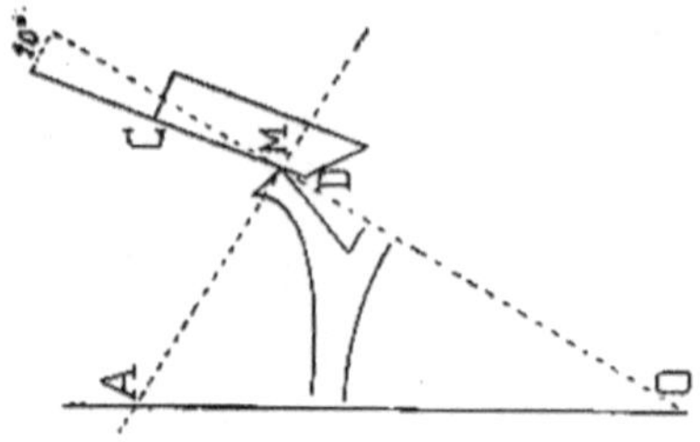

Fig. 28

C'est l'inverse qui a lieu lorsque la courbe de repos est décrite du point A'' situé au-dessous de A, centre de l'ancre (fig. 25) ; ici la pression de la roue tend à éloigner l'ancre, à le repousser, ce qui fait dire qu'il y a du *repoussage*.

En résumé, on appelle tirage l'inclinaison à donner aux faces de repos des leviers pour assurer la pénétration dans la roue et on appelle repoussage l'inclinaison que possèdent les leviers quand la roue, par sa pression, tend à éloigner l'ancre.

Les ancres des figures 26, 27 et 28, à leviers rectilignes, correspondent deux à deux aux précédents.

Dans la figure 26, la face de repos du levier de sortie vise le centre de la roue. La pression de la dent s'exerce perpendiculairement sur CD suivant MP ou AP et cette pression n'attire nullement l'ancre non plus qu'il ne le repousse : il n'y a ni tirage ni repoussage.

Le levier de la figure 27, au lieu de viser le centre de la roue, est incliné de 10° à droite de OM prolongée. La pression de la dent est évidemment favorable à la pénétration de l'ancre dans la roue, il y a tirage.

Inversement, le levier de la figure 28 est incliné de 10° à gauche de la ligne OM. La dent glissera plus aisément sur la face CD que dans le cas de la figure 26, faisant rétrograder l'ancre, d'où repoussage.

Le tirage et le repoussage proviennent d'une décomposition de la force de la roue d'échappement agissant sur les leviers de l'ancre et nous pensons pouvoir le faire comprendre aisément.

La roue d'échappement (fig. 29), pressant normalement le levier, n'a aucune tendance à le faire tourner autour de son centre A, soit dans un sens, soit dans l'autre. Il n'y a aucune décomposition de force ; MP, la force à la circonférence de la roue d'échappement, est détruite par la résistance de l'ancre MA qui lui est directement opposée : l'axe de l'ancre supporte seul la pression de la roue d'échappement.

La même force MP, agissant sur le levier CD (fig. 30), incliné de 10° à droite de la ligne OM prolongée, peut être décomposée en deux autres, l'une MF normale au levier, et l'autre MH parallèle au levier. Cette dernière sera nulle, faute de point d'application, quant à la première MF, nous pouvons la composer avec la résistance de l'axe MQ : leur résultante[4] est MR dont la direction indique que l'ancre est attiré par la roue, qu'il y a tirage.

Enfin la force MP, agissant sur le levier CD (fig. 31), incliné de 10° à gauche de la ligne OM prolongée, produira du repoussage.

[4] On sait que la résultante de leur forces concourantes est égale en grandeur et en direction à la diagonale du parallélogramme construit sur ces deux forces.

En effet, comme précédemment, nous pouvons la décomposer en deux autres, l'une MF, normale au levier, et l'autre MH parallèle au levier. Cette dernière sera encore nulle, faute de point d'application, alors que la première MF se composera avec la résistance de l'ancre MQ pour donner une résultante MR', dont la direction indique du repoussage.

Remarquons maintenant que le tirage est une résistance à vaincre lors du dégagement des leviers. En effet, puisque l'ancre est attiré dans la roue, il faut plus de force pour l'en dégager.

D'autre part, le tirage a pour conséquence un recul de la roue d'échappement pendant le dégagement du repos ; ce recul s'ajoute au tirage pour assurer la stabilité de la fourchette contre les entailles de la platine, de même qu'il augmente la résistance du dégagement des leviers et, partant, qu'il absorbe à chaque oscillation une partie de la force motrice.

Le recul varie avec les quantités de tirage et de repos.

Il augmente avec la quantité de tirage, comme le montre la figure 32.

La dent faisant pression en N sur le levier d'entrée construit avec 10° de tirage, l'extrémité D du levier, lors de son dégagement, fera rétrograder la roue de l'espace compris entre les arcs de cercle passant par N et par D et décrits du centre de mouvement A. Si le même levier était construit avec 20° de tirage, le recul de la roue serait plus grand, soit égal à l'espace compris entre les arcs de cercle passant par N et par D'.

L'augmentation de tirage augmente également le recul de la roue sur le levier de sortie. Mais, à l'inspection de la figure, on voit que le recul de droite est légèrement moindre que celui de gauche. Cela provient du repos.

Le recul varie avec la quantité de repos comme le montre la figure 33 construite à cet effet avec 15° de tirage et un repos excessif de 15°.

Sur le levier de gauche, la roue recule de la quantité NE, tandis qu'elle ne reculerait que de la quantité NI si le repos n'était que de 5°. Le recul augmente donc avec le repos.

Sur le levier de droite, également construit avec 15° de repos, la roue recule de la quantité M K ; or il est à remarquer que ce recul est sensiblement moindre que celui qui lui correspond sur le levier d'entrée. De plus, cette quantité M K marque le recul maximum de la roue sur le levier de droite. En effet, l'arc DK est décrit avec AD pour rayon et AD est perpendiculaire sur CF, donc tout autre point de CF est plus éloigné de A et l'arc décrit par ce point passera en arrière de K, le recul sera moindre.

Cette différence de recul sur les deux leviers, due au repos, est évidemment inappréciable lorsque celui-ci n'excède pas 2 comme à

Fig. 29

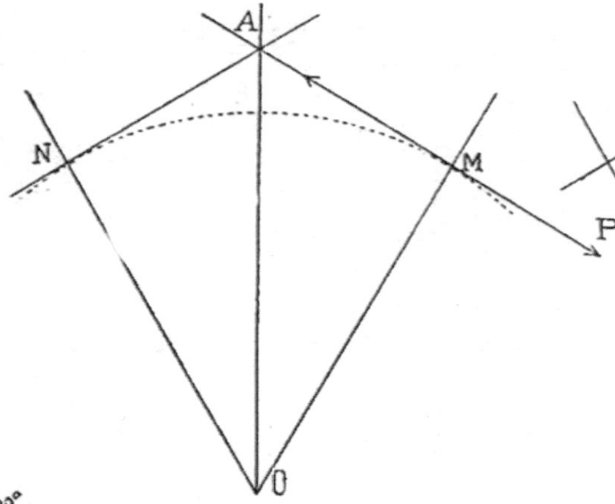

Fig. 30

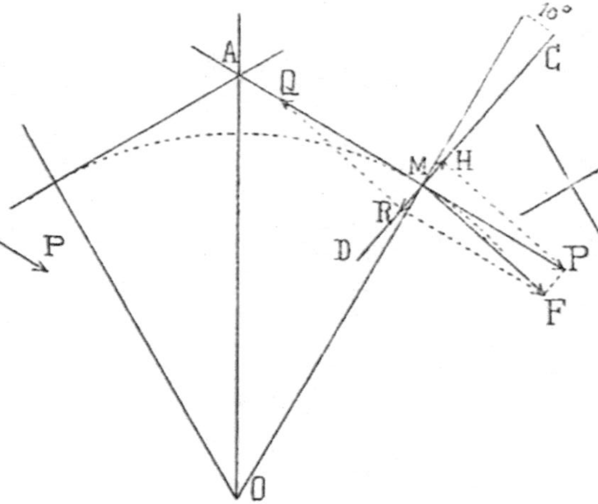

Fig. 31

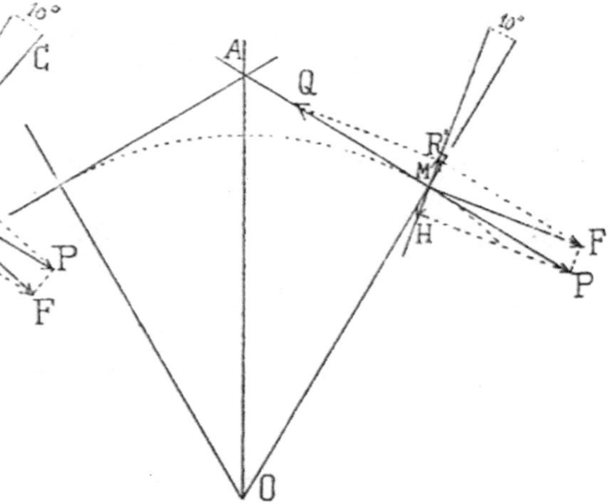

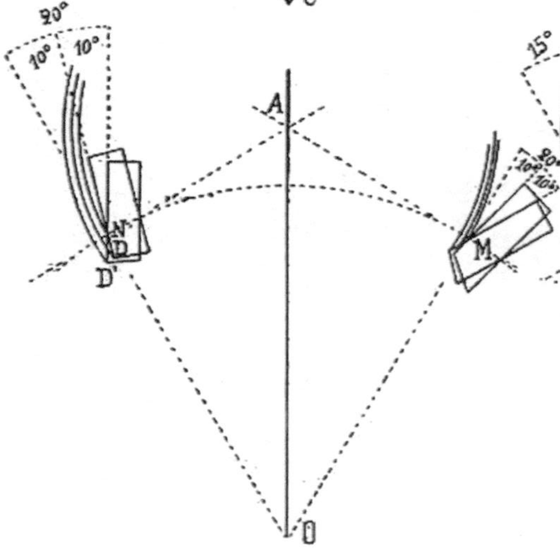

Fig. 32

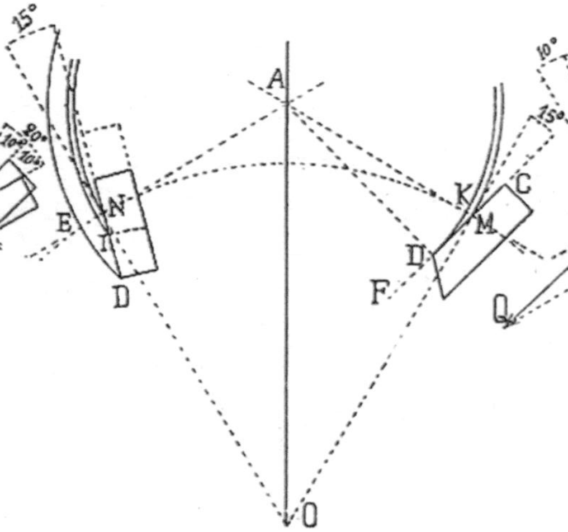

Fig. 33

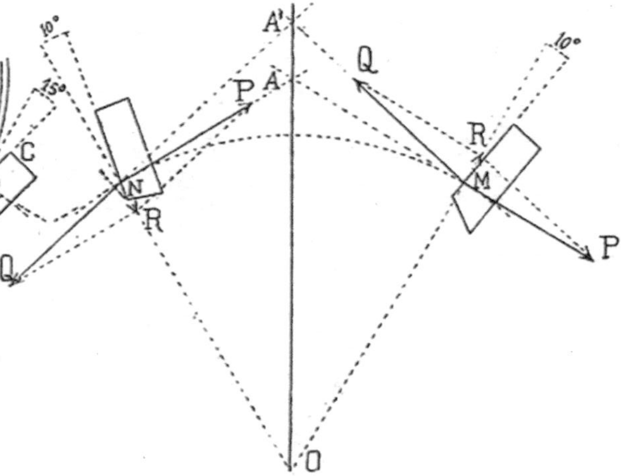

Fig. 34

l'ordinaire ; à elle seule, elle ne saurait motiver la différence de tirage que beaucoup d'échappementiers donnent aux deux leviers.

Nous verrons plus loin que cette différence de tirage a pour but de parer à l'inconvénient de l'inégalité des impulsions. Mais elle est surtout motivée par le fait que l'ancre est généralement planté un peu au-dessus de l'intersection A des tangentes menées par les points de repos M et N, soit en A' (fig. 34).

Voyons ce qui résulte de ce déplacement du centre de l'ancre.

Sur le levier d'entrée, la force de la roue d'échappement, dirigée suivant la tangente, peut être représentée par NP et la résistance de l'ancre par NQ. Or la résultante de ces deux forces est NR dont la direction indique du tirage.

Sur le levier de sortie, la force MP de la roue d'échappement, composée avec la résistance de l'ancre MQ donne la résultante MR dont la direction indique du repoussage.

On peut également se rendre compte par les arcs de cercle décrits du centre de l'ancre A' par les points de repos et par les extrémités des leviers que le dégagement du levier d'entrée astreint la roue à un recul, tandis que la roue avance sur le levier de sortie ; recul et avance seront d'ailleurs d'autant plus accentués que la quantité de repos sera plus grande.

Puisque le déplacement du centre de l'ancre au-dessus de l'intersection des tangentes menées par les points de repos introduit naturellement du tirage sur le levier d'entrée et du repoussage sur le levier de sortie, dans un tel échappement, l'inclinaison du levier de gauche doit être moindre que celle du levier de droite.

En résumé, le tirage est indispensable pour assurer la stabilité de l'ancre pendant l'arc supplémentaire contre les entailles de la platine.

Mais il est aussi de nature à parer à l'inconvénient d'une roue dont les dents ne seraient pas rigoureusement de même longueur.

Voyons en effet ce qu'il arriverait si la dent *d* (fig. 2, planche 1), qui agit sur le levier d'entrée, était un peu plus courte : elle ne ferait pas cheminer l'ancre jusque dans la position A C (fig. 6), et le bouton B pourrait éprouver quelque difficulté à sortir de la fourchette.

Par l'effet du tirage, cet inconvénient n'aura pas lieu car la dent *d'*, en tombant au repos sur le levier de sortie, attirera l'ancre dans la roue, achèvera ainsi le cheminement de la fourchette et permettra au bouton de sortir librement de l'entaille.

Enfin, si par l'effet d'une secousse accidentelle le dard est amené en contact avec le petit plateau, c'est encore par l'effet du tirage que ce contact cessera aussitôt car, après la secousse, la dent qui fait repos fera immédiatement rentrer dans la roue le levier qui avait été un peu soulevé. Par contre, le tirage et le recul qui en est la conséquence sont des résistances à vaincre lors du dégagement des leviers, des résistances qui absorbent à chaque oscillation une partie de la force motrice.

Il ne faut donc introduire dans un échappement à ancre que la quantité de tirage strictement nécessaire pour assurer la fixité de la fourchette contre l'entaille de la platine, cela afin que le balancier éprouve le moins de difficulté possible à dégager les leviers et par conséquent, pour que la force motrice perdue soit réduite au minimum.

Ce serait une faute d'introduire du tirage dans un échappement à ancre pour régulateur, mais il en faut un peu dans la montre qu'un vieillard porte dans son gousset, et davantage dans la montre d'un cavalier.

On met généralement 8 à 10° de tirage sur le levier d'entrée et 10 à 12 sur le levier de sortie.

A cet égard, faisons remarquer que la quantité de tirage sur un levier doit être comptée lorsque la roue est au repos sur ce levier car cette quantité n'est plus la même lorsque l'ancre est sur la ligne des centres.

Dans la figure 1, planche I, l'inclinaison du levier d'entrée est de 10°, alors que la face du levier de sortie vise le centre de la roue. Si l'on fait cheminer la fourchette de 5° pour l'amener sur la ligne des centres (fig. 2), le levier de gauche prend une inclinaison de 15° et celui de droite une inclinaison de 5° ; enfin si la fourchette est amenée dans la position indiquée par la figure 3, le levier de gauche a 20° de tirage et celui de droite 10°.

Terminons ces explications par la manière de reconnaître s'il y a trop peu de tirage.

On reconnaît qu'il y a trop peu de tirage quand, après avoir avec la main établi le contact du dard avec le petit plateau, la roue d'échappement ne remet pas la fourchette en place.

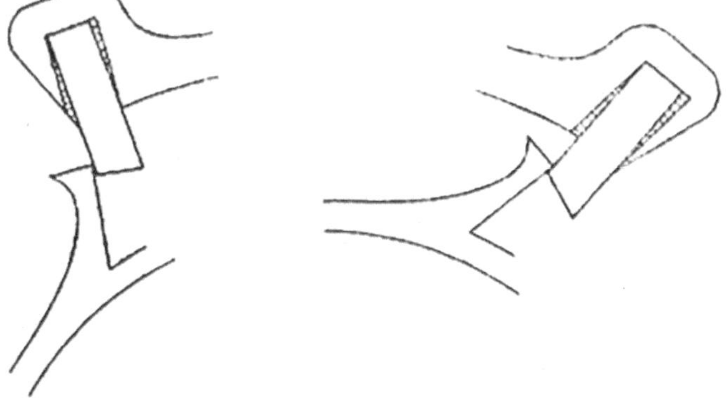

Fig. 35.

On peut aussi être assuré du trop peu de tirage quand la montre, réglant bien au pendu, donne ensuite des variations lorsqu'elle est exposée aux secousses du porté. Il va d'ailleurs sans dire que dès que l'on a constaté dans un échappement à ancre exposé aux secousses, l'absence ou l'insuffisance de tirage, il faut absolument introduire ou augmenter ce dernier.

Pour cela, lorsque la chute est suffisante,on dégomme les levées et, avec un fer à pierre pilée, on use les entrées comme le montrent les hachures de la figure 35.

On corrige le trop de tirage par une opération inverse.

6 - Du repos

La *pénétration* alternative de chacun des leviers dans la roue pour assurer l'arrêt de celle-ci pendant l'arc supplémentaire s'appelle *repos.*

On évalue le repos par un angle dont le sommet est en A, au centre de mouvement de l'ancre et dont les deux côtés passent, l'un par le point M, où la dent fait repos, et l'autre par la naissance de l'incliné du levier, en D (fig. 36).

La partie MD du levier, qui pénètre dans la roue, est la *quantité de repos.*

Dans un échappement à ancre pour montre de 30 à 50 m/m de diamètre, comportant une roue de 15 dents et un ancre embrassant 2,5 dents, on met généralement 2° de repos. Mais 1,5°, 1° et même un demi degré seraient suffisants si la roue était moins nombrée, ou si l'ancre embrassait un plus grand nombre de dents.

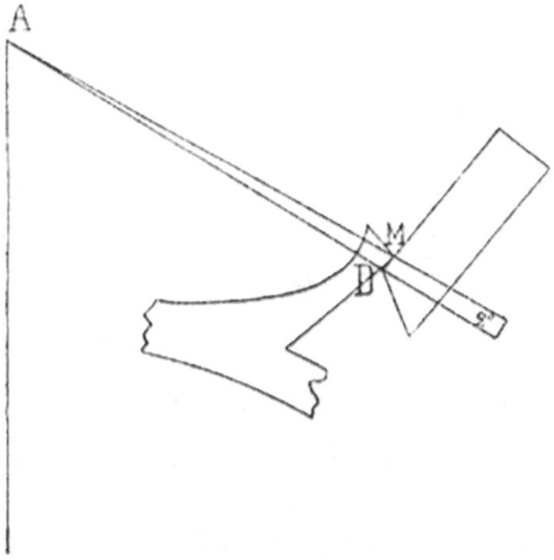

Fig. 36.

C'est ce que fait voir la figure 37 qui représente un ancre embrassant 2,5 dents et 3,5 dents. Dans le premier cas, le centre de l'ancre est en A, dans le second, il est au-dessus, en A'. Or, on le voit, la même quantité de repos, 2°, suffisante sur le levier L, est exagérée sur le levier L'. Nous aurions d'ailleurs à faire la même constatation si la roue n'avait que 11, 12 ou 13 dents, au lieu de 15. Inversement, si la roue était plus nombrée, un repos de 2° ne serait pas suffisant.

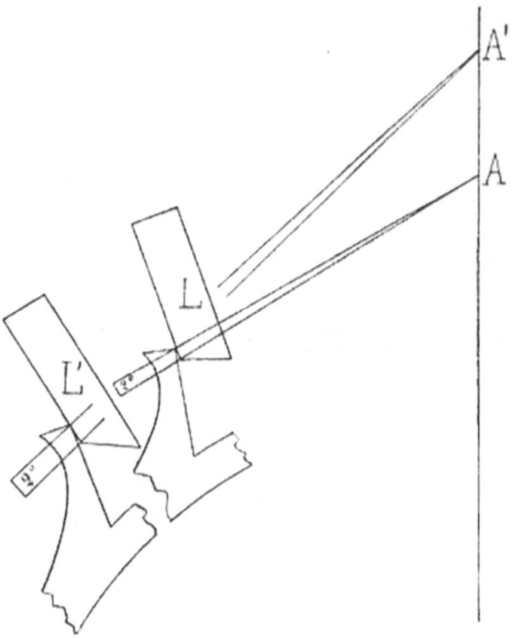

Fig. 37.

Non seulement le repos doit assurer convenablement l'arrêt de toutes les dents, mais il doit aussi empêcher celles-ci de venir se placer sous les leviers lorsque, pendant l'arc supplémentaire, le dard est amené, par l'effet d'une secousse, en contact avec le petit plateau.

On conçoit en effet que lorsqu'une dent s'est placée sous le plan d'impulsion comme dans la figure 14, elle augmente le frottement du dard contre le petit plateau et fait ainsi perdre au balancier une partie de sa vitesse.

Un tel défaut a pour résultat de rendre le réglage impossible.

Pour bien faire comprendre le soin qu'on doit apporter, dans un échappement à ancre, à fixer exactement la quantité de repos nécessaire et suffisante, nous allons signaler les défauts qui résultent du trop ou du trop peu de repos.

Trop de repos

Il y a trop de repos si la pénétration des leviers dans la roue est plus que suffisante, tant pour assurer l'arrêt de toutes les dents, que pour empêcher ces dernières de se placer sous les plans d'impulsion des leviers lorsqu'il y a contact du dard et du petit plateau.

Cet excès de pénétration a pour effet d'occasionner au balancier :

1. Une plus grande résistance lors du dégagement ;
2. Une plus faible impulsion.

La résistance est proportionnelle à la quantité de repos ; quant à l'impulsion, nous avons vu (fig. 6) que l'arc CC', appelé généralement *arc de levée* ou *levée apparente*, comprend l'arc de dégagement, un temps perdu et l'impulsion.

Or plus l'arc de dégagement est grand, plus celui de l'impulsion est petit.

En effet, si l'arc CC' est de 50° et que le mouvement angulaire de la fourchette soit de 10°, il en résulte qu'un degré de cheminement de la fourchette correspond à un cheminement de 5° du balancier, de sorte que pour dégager un repos de 2°, le balancier doit cheminer cinq fois plus, soit de 10° et dès lors, l'impulsion n'est plus que de 40°, sans tenir compte du temps perdu.

En continuant ainsi, on voit que pour dégager un repos de 3°, le balancier doit cheminer de 15° et qu'il ne reste qu'une impulsion de 35° ; que pour dégager un repos de 4°, le balancier chemine de 20° et qu'il ne reste qu'une impulsion de 30°.

Dans ce dernier cas, la résistance du dégagement est portée au double et l'arc d'impulsion, primitivement de 40°, est réduit à 30°, c'est-à-dire qu'il est diminué d'un quart.

Ainsi donc un repos exagéré fait perdre au balancier une plus grande quantité de sa vitesse acquise et diminue, en outre, la force chargée d'entretenir le mouvement du balancier.

Le réglage d'une telle montre est pour le moins difficile.

Causes de trop de repos

Le trop de repos peut provenir :

- d'un échappement planté trop près ;
- de ce que les leviers ou les dents de la roue ne sont pas assez
- inclinés ;
- d'une roue mal ronde ;
- de la trop grande largeur de la creusure dans laquelle chemine la fourchette.

Que convient-il de faire dans ces différents cas ?

- Si le centre de l'ancre est réellement planté trop près de la roue, il ne faut pas hésiter, lorsqu'il s'agit d'une belle pièce, à replanter l'échappement. Dans les montres médiocres, on corrige le trop de repos soit en augmentant l'incliné des dents de la roue, soit en dégommant les leviers pour les enfoncer un peu plus dans les entailles de l'ancre ;

- Lorsque le trop de repos provient de ce que les leviers ou les dents de la roue ne sont pas assez inclinés, il y a lieu d'augmenter ces inclinés ;

- Pour une roue mal ronde, il convient de s'assurer tout d'abord si elle n'a pas été montée sur un pignon mal rond ; il arrive en effet fréquemment que la roue est bonne et qu'elle paraît excentrée par la seule raison qu'elle est montée sur un pignon mal centré. Si le défaut provient du pignon, il faut le changer. S'il provient de la roue, il y a lieu de rectifier celle-ci. Parfois on se contente de marquer les dents qui ont trop de repos, pour augmenter ensuite leur incliné. Mais on n'agit jamais sur les leviers, en les enfonçant dans leurs entailles car on risquerait ainsi de détruire ou de rendre trop faible le repos des dents les plus courtes.

- Si la creusure dans laquelle la fourchette chemine est plus que suffisante pour assurer le mouvement angulaire de celle-ci, il en résulte que les dents, en tombant au repos, font enfoncer outre mesure les leviers dans la roue. On corrige ce défaut en plantant devant chaque face de la creusure une petite goupille, de manière à ne laisser à la fourchette que le mouvement angulaire qui lui est strictement nécessaire. Si la fourchette, au lieu de se mouvoir dans une creusure, chemine entre deux goupilles et que celles-ci soient trop éloignées, on diminuera le trop de pénétration des leviers dans la roue en rapprochant les goupilles, ou en les remplaçant par de plus grosses.
  Enfin, lorsque le petit plateau est trop petit ou mal rond, ou que le dard est trop court ou mal évasé, on croit souvent devoir exagérer la pénétration des leviers dans la roue pour empêcher les dents de se placer sous les plans d'impulsion dans les violentes secousses. On corrige ainsi un défaut pour en créer un autre, le trop de repos, dont l'effet, avons-nous dit, est de rendre le réglage pour le moins difficile.

Trop peu de repos

Par analogie avec ce qui précède, il y a trop peu de repos lorsque la pénétration de chaque levier dans la roue n'est pas suffisante, tant pour assurer l'arrêt de toutes les dents, que pour empêcher celles-ci de venir se placer sous les plans d'impulsion lorsque par les secousses du porté, le dard est amené en contact avec le petit plateau.

Dans l'un et l'autre cas, le défaut ne détruira peut-être pas le jeu de l'échappement, mais le réglage devient impossible.

Lorsque le repos n'assure pas l'arrêt de toutes les dents, c'est que la roue est mal ronde, et l'on devra, comme précédemment, vérifier d'abord le pignon pour le remplacer au besoin. Si le défaut provient de la roue elle-même, on peut, lorsque les chutes le permettent, dégommer les leviers pour les sortir davantage de leurs entailles ; après quoi, les grandes dents se trouvant avoir trop de repos, on augmente leur incliné, ou mieux on rectifie la roue.

La pénétration des leviers peut être suffisante pour produire l'arrêt de toutes les dents, mais insuffisante pour empêcher ces dernières de se placer sous les plans d'impulsion lorsque le dard vient en contact avec le petit plateau.

Dans ce cas, ou il n'y a pas assez de repos et il convient de sortir les leviers de leurs entailles, ou il y a trop de jour entre le dard et le petit plateau et il y à lieu de refaire l'une ou l'autre de ces deux pièces.

7 - Du centre de mouvement de l'ancre

Si l'on voulait que le balancier éprouvât la moindre résistance possible pour dégager les leviers des dents de la roue, il faudrait :

- placer le centre de mouvement de l'ancre à l'intersection A des tangentes menées par les points de repos M et N (fig. 23) ;
- donner aux faces de repos des leviers la forme d'un arc de cercle décrit du point A comme centre avec AM = AN comme rayon.

C'est une disposition que l'on a donnée primitivement aux échappements à ancre et qui s'appelle *échappement à la tangente.*

Mais dans les chapitres que nous avons consacrés au tirage et au repos, nous avons vu l'inconvénient qui résulte de la trop grande facilité donnée à l'ancre de se dégager de son repos, la moindre secousse occasionnant le contact du dard et du petit plateau.

On a donc exclu le principe de l'échappement à la tangente et introduit le tirage dans les échappements à ancre pour montres.

Le tirage étant admis comme principe de construction, doit-on encore placer le centre de mouvement de l'ancre à l'intersection des tangentes menées par les points de repos ?

Oui, si l'on veut que l'action de la roue sur chaque levier au repos soit la même.

En effet, nous avons également démontré que si l'on place le centre de l'ancre au-dessus de A en A' (fig. 34) on introduit naturellement du tirage sur le levier d'entrée et du repoussage sur le levier de sortie, et il est facile de se convaincre qu'un effet inverse se produirait si l'ancre était planté au-dessous de A.

Mais, bien que la théorie nous démontre l'avantage de placer le centre de l'ancre à l'intersection des tangentes menées par les points de repos, en pratique, l'ancre est souvent planté au-dessus, car le point

A n'est pas très éloigné de la circonférence totale de la roue et lorsque l'ancre a été percé pour recevoir l'axe, la quantité de matière qu'il reste peut ne pas paraître suffisante pour la solidité.

Telle est la raison pour laquelle on rencontre très fréquemment des ancres plantés au-dessus de A.

8 - Angle d'ouverture de l'ancre

On appelle angle d'ouverture de l'ancre, l'angle NOM (fig. 29) dont le sommet O est au centre de la roue et dont les deux côtés passent par les points de repos M et N. Il a pour mesure l'arc NM de la roue comprise entre les deux points de repos.

Pour la même roue, l'angle d'ouverture de l'ancre varie avec le nombre de dents que l'on veut faire embrasser à l'ancre.

Cette expression, *nombre de dents embrassées par l'ancre*, communément employée, prête à confusion. Qu'il nous soit donc permis d'ouvrir une parenthèse.

Si l'on se reporte à la planche I, on voit que dans la première figure, seules deux dents de la roue sont comprises entre les points de repos et qu'il y en a trois dans les deux autres figures. L'angle d'ouverture de l'ancre étant cependant le même, 60°, l'ancre embrasse-t-il 2 dents ½ ou 3 dents ½ ?

Pour nous conformer à un usage courant, nous dirons 3 dents ½, quoique nous reconnaissions qu'il serait plus exact de dire 2 dents ½, puisque l'ancre considéré ne correspond en réalité qu'à 2 divisions ½ de la roue partagée en autant de parties égales qu'il y a de dents.

1. Pour la même roue, avons-nous dit, l'angle d'ouverture de l'ancre varie avec le nombre de dents que l'on veut faire embrasser à l'ancre.
   Si par exemple dans une roue de 15 dents, on veut faire embrasser 3 dents ½, soit 2 divisions ½ de la roue partagée en 15 parties égales, l'angle d'ouverture sera (360 / 15) x 2 ½ = 60° ;
   Pour un ancre embrassant 4,5 dents, correspondant à 3 divisions ½, l'angle d'ouverture sera (360 / 15) x 3 ½ = 84°.
2. Pour un même nombre de dents embrassées, l'angle d'ouverture de l'ancre varie avec le nombre des dents de la roue.

Ex. — Si dans une roue de 12 dents, l'ancre embrasse 3 dents ½, l'angle d'ouverture ne sera plus comme précédemment de (360 / 15) x 2 ½ = 60°, mais de (360 / 12) x 2 ½ = 75°.

L'angle d'ouverture, ou le nombre de dents que l'on veut faire embrasser à l'ancre, ne doit pas être arbitraire pour la même roue.

Si l'on faisait embrasser un trop petit nombre de dents, différents organes verraient leurs dimensions tellement réduites qu'il serait impossible dans la pratique d'arriver à une précision suffisante ; par exemple 2° de repos suffisants avec une roue de 15 dents quand l'arc embrasse 3 dents ½ ne le seraient plus si l'ancre embrassait moins de dents, et en augmentant la pénétration des leviers dans la roue, on augmenterait la résistance du dégagement.

Inversement, si l'on faisait embrasser à l'ancre plus de 3 dents ½, l'ancre deviendrait plus grand, plus encombrant, plus lourd, plus difficile à faire mouvoir, absorberait plus de force pour passer de l'état de repos à l'état de mouvement.

Il est vrai que la roue agirait sur l'ancre par des leviers plus longs, mais observons que cette grande longueur des bras de l'ancre est elle-même un défaut, car ce que l'on gagne en force on le perd en vitesse, de sorte que pour faire décrire le même mouvement angulaire à la fourchette, la roue ferait parcourir aux leviers des arcs d'autant plus grands qu'ils seraient plus longs.

On conçoit qu'en dépassant une certaine limite, il arriverait que la fourchette suivrait à peine le balancier et partant, ne lui communiquerait qu'une faible impulsion.

Remarquons encore que la roue agit sur des plans inclinés et que, dès lors, il n'y a pas seulement un effet de levier à considérer, mais l'action combinée d'un levier et d'un plan incliné.

Or la figure 37 nous fait voir que les inclinés des leviers sont d'autant plus accentués et plus longs que la roue embrasse un plus grand nombre de dents.

Cette augmentation de la hauteur et de la longueur des plans inclinés rend évidemment le glissement de la roue plus difficile ; par conséquent et en définitive, la force que l'on gagne sur le levier plus long est perdue sur le plan incliné plus haut et plus long.

La pratique a reconnu qu'il convenait de faire embrasser 3 dents ½ dans les échappements où la roue a 15 dents.

Bien entendu, si la roue n'avait que 8 ou 10 dents, il y aurait lieu de ne faire embrasser que 2 dents ½ comme dans certains échappements construits par A. Breguet.

De même que pour une roue de 18 ou 20 dents, on ferait embrasser 4 dents ½.

Remarque. — L'ancre doit toujours embrasser un nombre entier de dents, plus une demi-division, soit la moitié de la distance comprise entre deux dents.

Cette demi-division renferme la largeur du levier, la largeur de la dent et la chute. De cette manière, la roue avance exactement d'une demi-dent à chaque oscillation du balancier.

9 - De la chute

Lorsque la dent *d'* (fig. 3, planche I) va abandonner le plan incliné *m' n'* du levier L', la dent *d* doit être à une faible distance du levier d'entrée L. La roue franchit cet espace librement, c'est-à-dire sans être en contact avec l'ancre, puis tombe bientôt au repos, sur ledit levier L.

Ce parcours libre, pendant lequel la roue d'échappement n'est pas en contact avec l'ancre, s'appelle *chute*.

Pendant la chute, la roue acquiert une certaine vitesse qui fait que lorsque la roue se trouve brusquement et alternativement arrêtée par les leviers, il en résulte des chocs successifs qui constituent le tic tac de la montre.

Ces chocs sont d'autant plus violents que la quantité de chute est plus grande ; exagérés, ils sont de nature à amener des perturbations dans le bon fonctionnement de l'ancre, la fourchette frétille et provoque le contact du dard avec le petit plateau.

La chute doit donc être réduite à un minimum, mais elle ne saurait jamais être nulle, car elle est une des sûretés indispensables au fonctionnement de l'échappement. En effet, quelque soin qu'on apporte dans la construction d'un échappement, on ne saurait prétendre à la perfection, la division de la roue ne sera jamais rigoureusement exacte, de même qu'il y a lieu de tenir compte du jeu des pivots qui fait que les pièces en contact ne conservent pas leurs positions respectives, qu'elles s'éloignent ou se rapprochent.

Dans un échappement, tel que celui représenté par la planche I comportant une roue de 15 dents, un angle d'ouverture de 60° et un ancre planté au point d'intersection des tangentes, on met généralement 2° de chute, c'est-à-dire que les 12° dont avance la roue à chaque oscillation sont représentés par la largeur du levier 6°, la largeur de la dent 4° et la chute 2°. Mais celle-ci augmente de la quantité de recul provoquée par le tirage et le repos.

Si les chutes sont trop fortes, il faut en attribuer la cause soit dans la trop faible largeur des leviers ou des dents de la roue ; si elles sont trop précises, c'est que les leviers ou les dents sont trop larges.

Enfin, si l'on se reporte aux figures 32, 33 et 34, il est facile de voir qu'à égalité de tirage et de repos sur les deux leviers, la chute est plus forte sur le levier de sortie que sur celui d'entrée. Conséquemment, si l'on veut égaliser les chutes, on est encore conduit à introduire un peu plus de tirage sur le levier de droite que sur celui de gauche.

10 - Grosseur et forme du doigt ou bouton de dégagement et d'impulsion

Si le bouton devait jouer un rôle toujours actif, c'est-à-dire s'il ne faisait qu'entraîner la fourchette, il faudrait le tenir le plus grand possible ; de cette manière, il pourrait attaquer la fourchette plus près de la ligne des centres et il y aurait moins de décomposition de force, par conséquent la force perdue et les frottements seraient moindres.

Si, au contraire, le bouton devait jouer un rôle toujours passif, c'est-à-dire s'il devait constamment être entraîné par la fourchette, il devrait être tenu le plus petit possible ; en effet, il serait ainsi attaqué par la fourchette plus près de la ligne des centres, il en résulterait moins de décomposition de force et dès lors, la force perdue et les frottements seraient moindres.

Or, le rôle du bouton est successivement actif et passif. Actif, lors du dégagement, quand il entraîne la fourchette, passif, lors de l'impulsion, lorsqu'il est entraîné par la fourchette.

Il convient donc de concilier les deux grosseurs extrêmes qu'on peut lui donner et de se guider surtout sur l'expérience.

Dans la pratique, pour une montre de 30 à 40 $^{m}/_{m}$ de diamètre avec 15 dents, la largeur adoptée varie entre le tiers et le quart de deux pointes de dents de la roue d'échappement.

La figure 38, ci-après, représente les principales formes de bouton usitées.

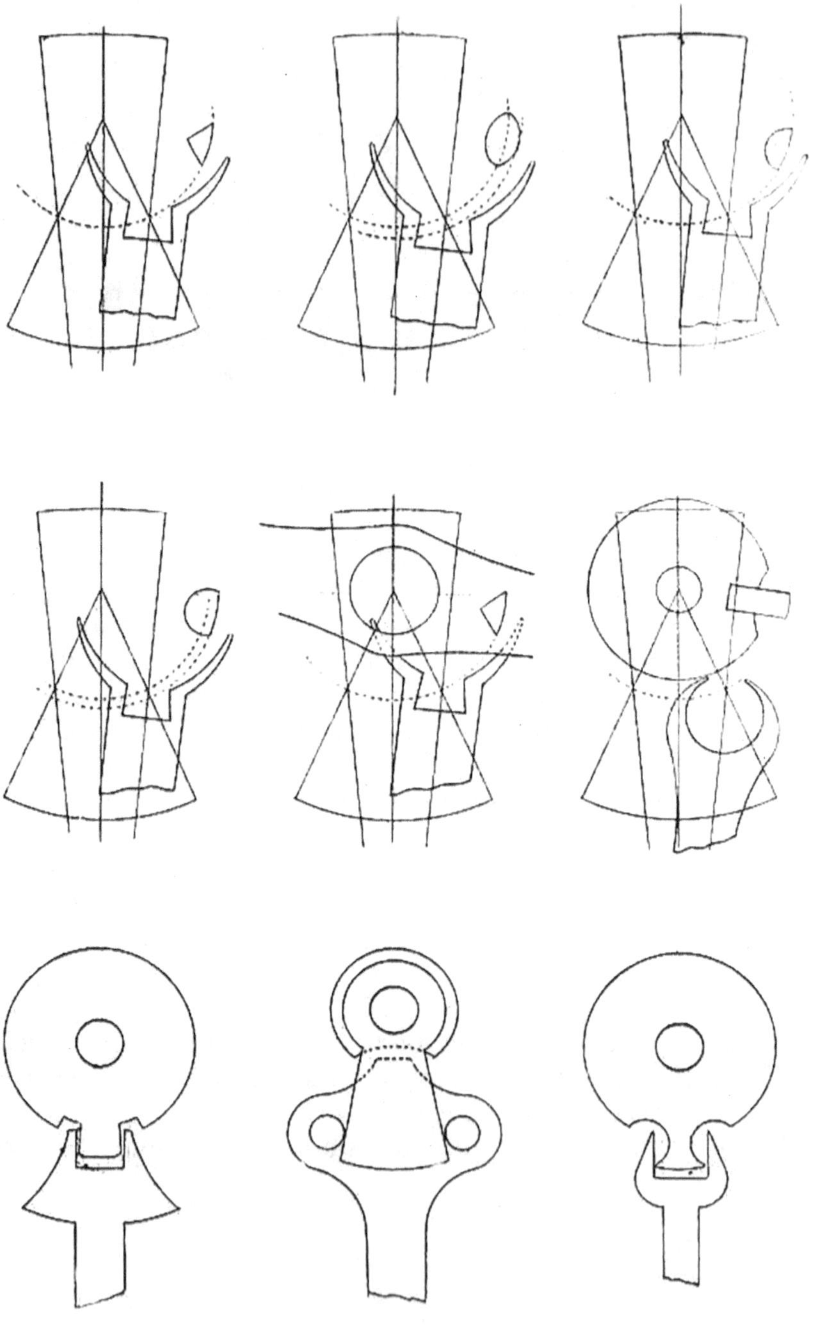

Fig. 38.

11 - Largeur du creux de la fourchette

La largeur de l'entaille de la fourchette se déduit de celle du bouton, on ne doit laisser entre ce dernier et les faces du creux que le jour strictement nécessaire pour empêcher le bouton de toucher de chaque côté.

Si le bouton a trop d'ébat dans l'entaille, il en résulte un choc plus violent lorsqu'il est rattrapé par la fourchette, et un temps perdu plus considérable sépare le dégagement de l'impulsion. Ces deux défauts ont pour résultat de troubler l'oscillation du balancier et de diminuer la levée réelle.

Inutile de dire que le creux de la fourchette doit être assez profond pour ne pas être touché par le bouton. Néanmoins le jour à laisser ne doit pas être excessif, surtout si l'on remplace le dard par une goupille ou si la fourchette elle-même fait dard.

Dans ces derniers cas, l'exagération de la profondeur du creux de la fourchette oblige à tenir plus grand le diamètre du petit plateau.

12 - Des cornes de la fourchette

Pour comprendre l'utilité des *cornes* ou *fourchons* de la fourchette, supposons d'abord qu'il n'y en ait pas, et que l'entaille de la fourchette se termine comme dans les figures 39 et 40.

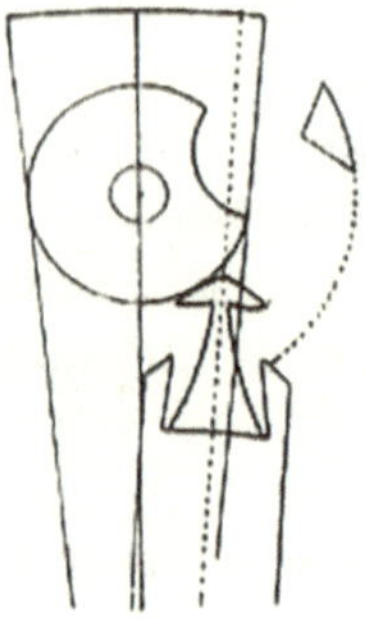

Fig. 39

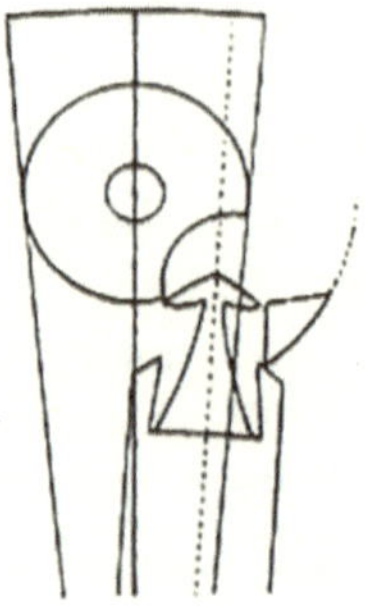

Fig. 40

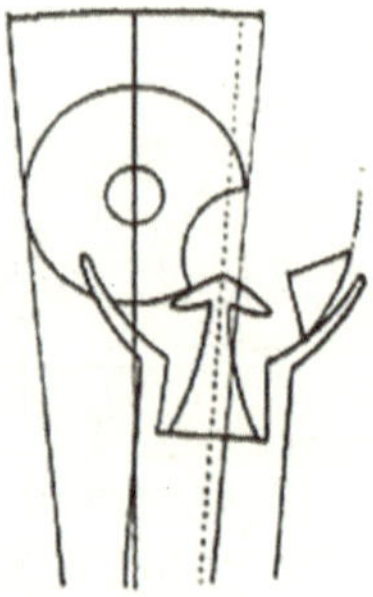

Fig. 41

Avec une telle disposition, lorsque, par l'effet d'une secousse, le dard, pendant l'arc supplémentaire, est amené en contact avec le petit plateau, et pour peu que le jour laissé entre ces deux organes soit exagéré, il arrive qu'à son retour, le bouton, au lieu de rester dans l'entaille, frappe à l'extérieur, effet qui suspend la marche du balancier et qui peut même amener la rupture du bouton.

Cet accident est prévenu par les cornes ; alors même que le dégagement s'est opéré en partie par le fait de l'évasement des fourchons, le bouton vient frapper (fig. 41) la face intérieure de la corne, glisse sur la courbe et, aidé par le tirage, remet la fourchette en place. Après quoi il opère le dégagement.

Remarque. - Il faut éviter de faire la courbe intérieure des cornes concentrique à celle du grand plateau ; ainsi exécutés, les fourchons ne servent absolument à rien et il vaudrait mieux les supprimer.

13 - Du contrepoids

Le contrepoids est le prolongement G de la fourchette (Planche I). Il sert à équilibrer l'ancre et la fourchette de manière à leur enlever tout principe d'oscillation, afin que l'axe sur lequel ils sont placés ne soit sollicité à tourner dans aucun sens, quelle que soit la position de l'échappement.

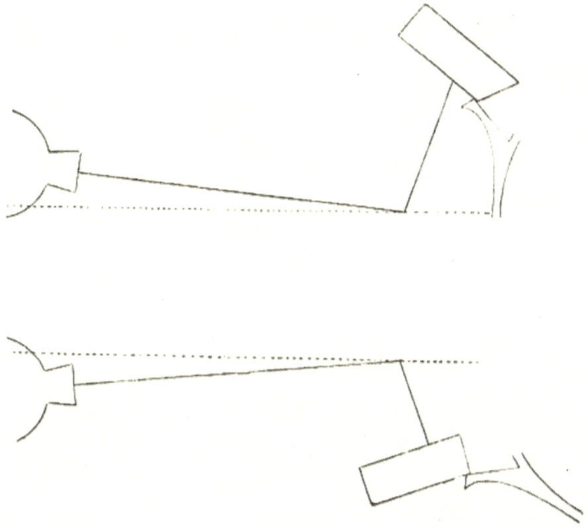

Fig. 42 à 43.

Ce parfait équilibre de l'ancre et de la fourchette est une condition nécessaire pour assurer le bon fonctionnement de l'échappement et le réglage de la montre. Sans contrepoids, lorsque l'échappement serait dans la position que montre la figure 42, la résistance du dégagement du levier de sortie serait augmentée de tout le poids de la fourchette, et lorsqu'il se trouverait dans la position vue fig. 43, cette résistance serait au contraire diminuée de ce même poids.

On peut encore se rendre compte qu'une fois le dégagement opéré, la roue, pour communiquer l'impulsion au balancier, éprouverait plus de résistance dans le premier cas que dans le second.

Enfin, il est également aisé de concevoir que l'échappement étant dans la position indiquée par la figure 43, les moindres secousses, même avec un tirage très fort, amèneraient le dard en contact avec le petit plateau et que souvent le poids même de la fourchette suffirait pour établir ce contact.

On conçoit sans peine que de pareilles irrégularités dans le dégagement et l'impulsion nuisent au réglage.

La pratique donne différentes formes au contrepoids ; quel que soit le genre employé, on ne perdra pas de vue que cette pièce doit établir l'équilibre parfait de l'ancre et de la fourchette. Les formes des figures 1 et 3 de la planche I donnent d'excellents résultats et sont les plus usitées dans les beaux échappements à ancre.

Généralement, comme dans les figures précitées, l'ancre et la fourchette ne forment qu'une seule pièce, sur laquelle le contrepoids est fixé par une vis et un pied ; quelquefois, le contrepoids ne forme qu'une seule pièce avec la fourchette et c'est l'ancre qui est relié par deux vis (fig. 2, planche I).

Ancre droit

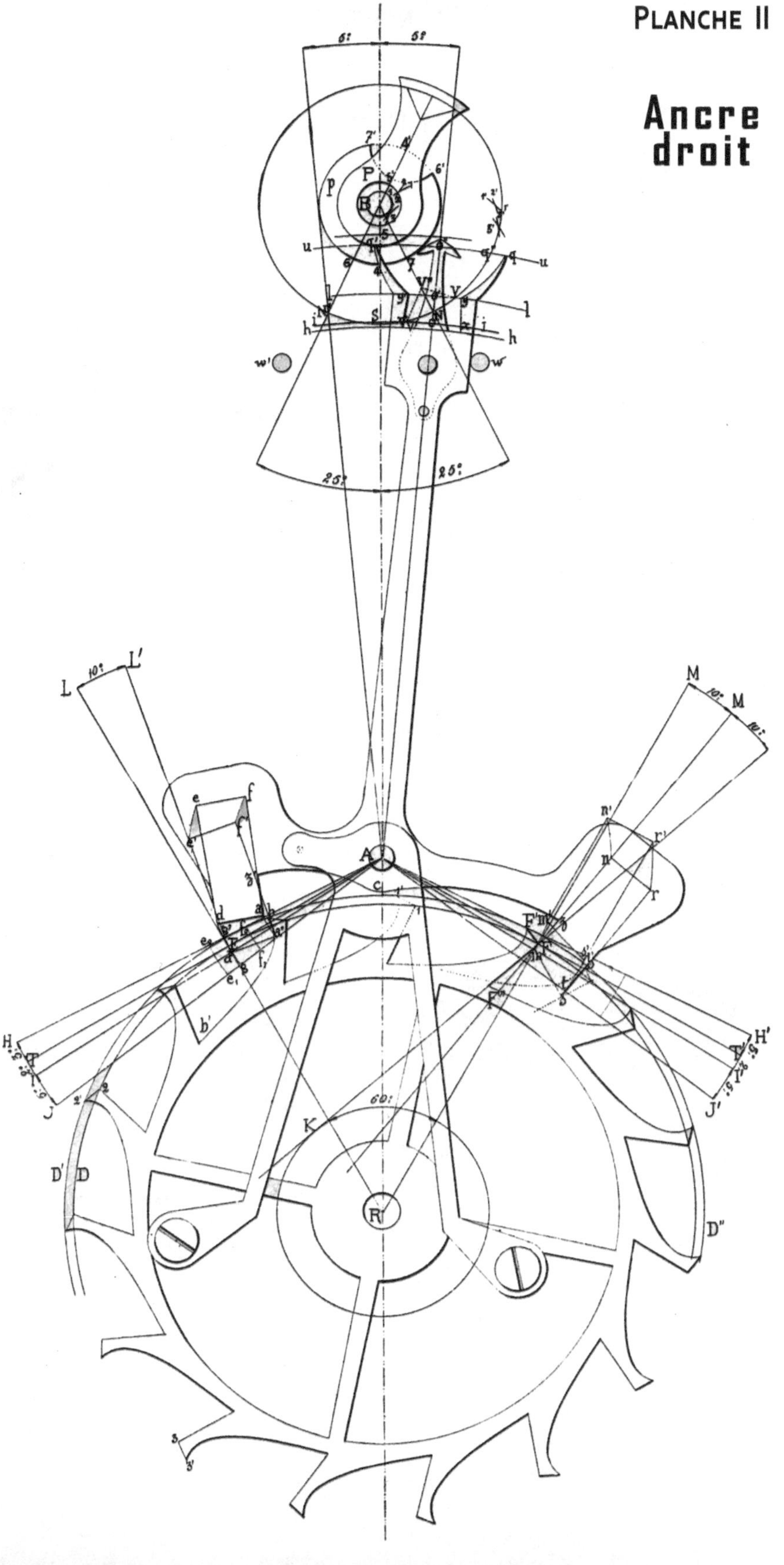

Planche III

Ancre droit

Plan

Élévation

Levée 50

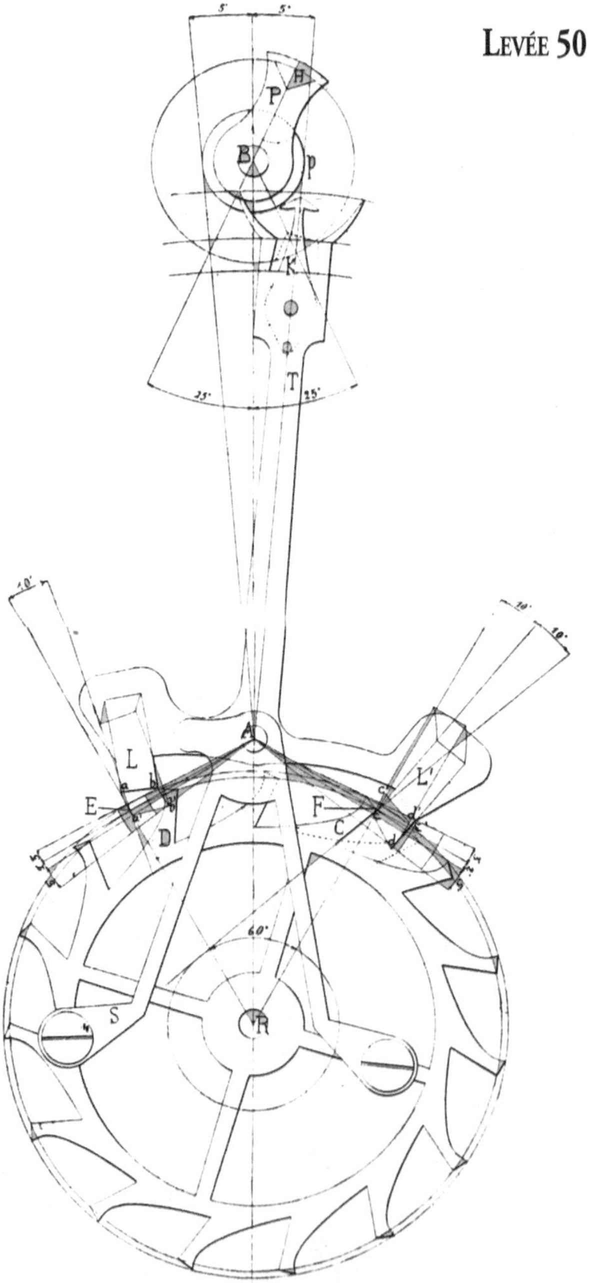

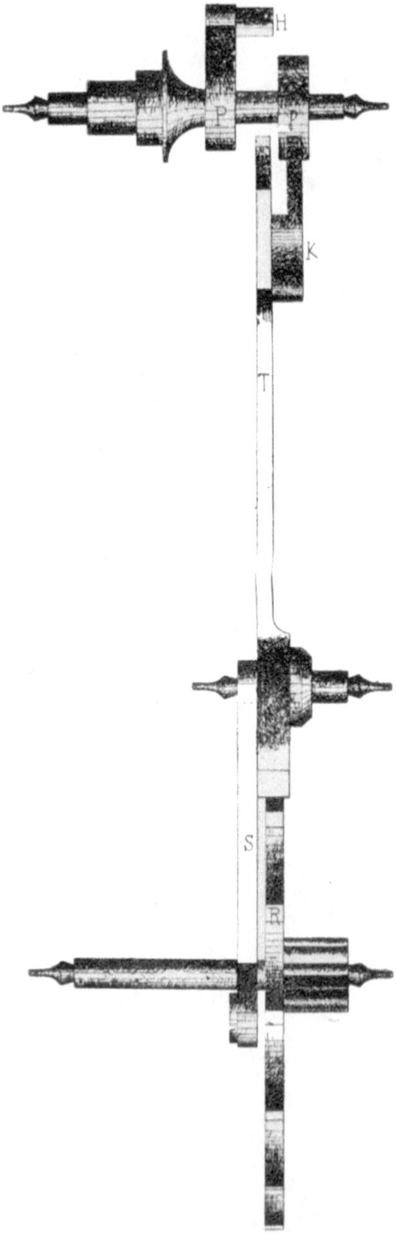

14 - Dessiner l'échappement à ancre droit

Pour dessiner un échappement à ancre droit, il faut connaître :

- le nombre des dents de la roue ;
- le rayon de la roue mesuré sur les talons des dents ;
- le nombre de dents embrassées par l'ancre, soit l'angle d'ouverture de l'ancre ;
- le tirage que l'on veut donner à chaque levier ;
- la levée sur la roue, c'est-à-dire le cheminement de l'ancre et de la fourchette ;
- la quantité de repos ;
- la levée totale du balancier.

Le problème peut donc être le suivant :

Dessiner un échappement à ancre droit dans lequel une roue de 15 dents a 40 dixièmes de rayon, ce dernier mesuré sur le talon des dents. L'ancre doit embrasser 3 dents ½, le tirage sur chaque levier doit être de 10°, le cheminement de l'ancre de 10°, dont 2° de repos et la levée totale du balancier de 50°.

Pour plus de clarté, nous séparerons du dessin proprement dit ce que dans la pratique on nomme le tracé de la plaque, tracé que doit effectuer l'apprenti ou l'ouvrier pour se guider dans la construction d'un échappement à ancre.

Tracé de la plaque

1. Dans le milieu d'une plaque de laiton rectangulaire bien dressée, d'environ 3 x 5 cm, tracer une ligne droite très fine *x y* dite ligne des centres. Avec le compas à coulisse, relever exactement sur le calibre la distance du centre de la roue au centre du balancier.

Porter cette distance de A en B sur la ligne *x y* et percer la plaque en A et en B de deux petits trous.

2. L'ancre embrassant 3 dents ½ d'une roue de 15 dents, nous avons vu (p. 40) que l'angle d'ouverture de l'ancre est égal à (360 / 15) x 2,5 = 60°.
   Avec le compas à coulisse, décrire du point A comme centre, avec une ouverture de compas un peu moins grande que le diamètre de la roue, un arc *a a'*. Porter le rayon de O en *a* pour avoir un arc de 60° que l'on divise avec un compas ordinaire en deux parties égales au point D. (Ne pas déranger l'ouverture du compas à coulisse.)
   Après avoir fait OD'= OD = 30°, mener les rayons prolongés AD et AD'.
   L'angle DAD' est l'angle d'ouverture de l'ancre.
   R et R' sont les points de repos.

3. A partir de D' marquer sur l'arc DO de 30° des divisions successives valant 10°, 20° et 25°.

4. Par les points de repos R et R' élever sur AD et AD' les perpendiculaires RC et RC', lesquelles sont tangentes à la circonférence et déterminent le centre C de l'ancre.
   Percer le point C d'un trou comme on l'a fait pour A et B.

5. Reprendre le compas à coulisse dont l'ouverture AO ne doit pas être dérangée et, du centre C de l'ancre, décrire l'arc *c c'*.
   Porter sur cet arc, à gauche et à droite de la ligne des centres, les longueurs O'F et O' F' égales à OE ou à 5°.
   L'angle FCF' marque le cheminement de l'ancre.

6. Du centre du balancier B, décrire avec le compas à coulisse l'arc *b b'*, et à partir de O, porter les longueurs OH et OH' égales à DE ou à 25°.
   HBH' est la levée totale du balancier.

7. Les intersections des droites CF et CF' prolongées indiquant le cheminement de l'ancre avec les droites BH et BH' indiquant la levée totale du balancier, déterminent le rayon BP = BP' du grand plateau qu'il convient de tracer maintenant.

8. Reprendre à nouveau le compas à coulisse et de points de repos R et R' comme centres, décrire les arcs ST et S'T'. Prendre sur DO avec le compas à pointes sèches une ouverture DM de 10° et faire ST et S'T' = 10°.
   Les lignes TR et T'R' sont les lignes de tirage.

Tracé de la plaque

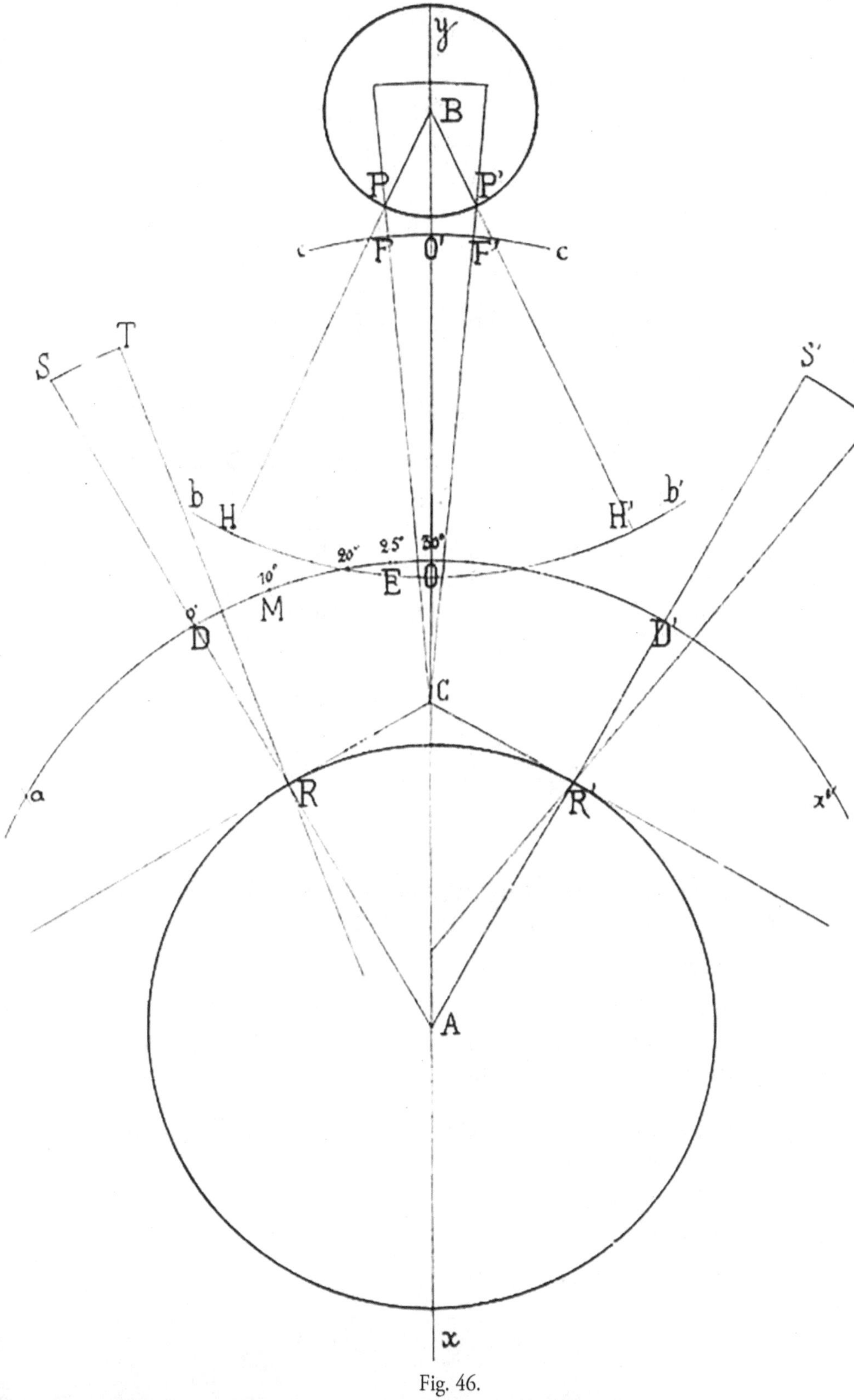

Fig. 46.

15 - Dessin de l'échappement

Points de repos et angle d'ouverture

Avec une ouverture de compas renfermant 10, 15 ou 20 fois le rayon réel de la roue, décrire la circonférence DEF sur laquelle on détermine, de chaque côté de la ligne des centres, les points symétriques E et F comprenant un arc de 60° (voir le tracé de la plaque, § 2). Cc sont les deux points de repos, et les rayons prolongés RE et RF que l'on mène ensuite forment l'angle d'ouverture qui a pour mesure l'arc E F.

Centre du mouvement de l'ancre

Aux points de repos E et F, mener, sur les rayons RE et RF, les perpendiculaires ou tangentes AET et AFT' dont l'intersection A donne le centre de mouvement de l'ancre.

Angles pour établir les inclinés des plans d'impulsion des dents et des leviers, ainsi que le repos

Faire successivement, au centre A de l'ancre comme sommet :

1. les angles HAT et H'AT' de chacun 3°, servant à établir le plan d'impulsion de chaque dent ;
2. les angles TAI et T'AI', de chacun 2°, donnant la quantité de repos ;
3. les angles IAJ et I'AJ' de chacun 5°, servant à établir les plans d'impulsion des leviers.

La somme de ces trois angles (3° + 2° + 5° = 10°) correspond au cheminement total de la fourchette.

PLANCHE IV

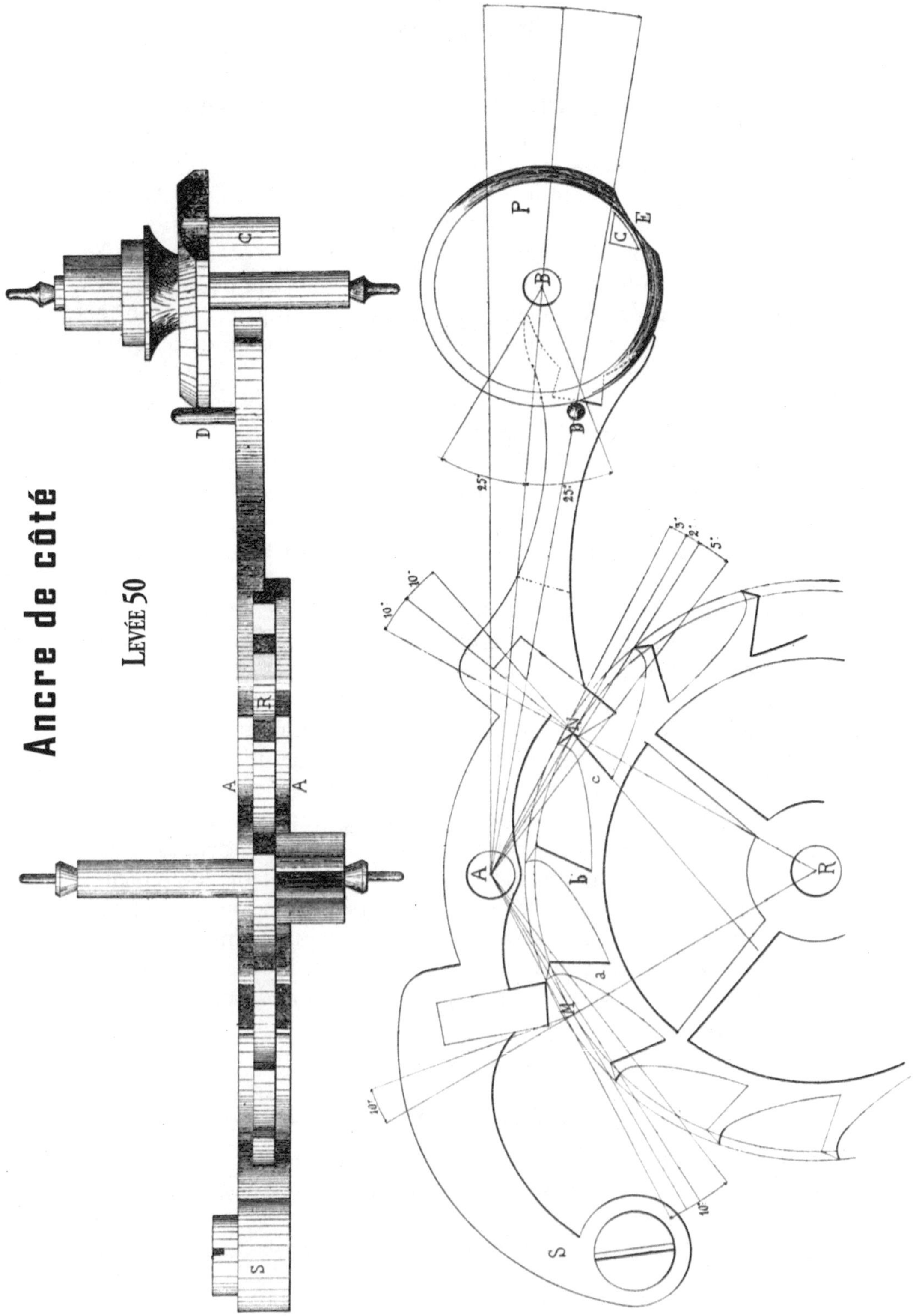

Ancre de côté

Levée 50

Dessiner la roue

Si l'on veut dessiner l'échappement au repos sur le levier de sortie par exemple, on divise la circonférence DEF à partir de F, en autant de parties égales que la roue a de dents[5].

Prenant ensuite le 1/6 de l'arc correspondant à l'une de ces divisions, on le porte à partir du point F jusqu'à la rencontre de la ligne AH' et l'on détermine ainsi FF' longueur du plan d'impulsion des dents. Par le point F', on fait passer une circonférence D'F'D", concentrique à DEP, puis on porte successivement, à partir de chacun des points de division obtenus précédemment, la longueur FF' jusqu'à sa rencontre avec la circonférence extérieure le DF'D" appelée circonférence totale de la roue.

En réunissant les points 1.1', 2.2', 3.3' ..., on obtient les plans d'impulsion de toutes les dents.

Quant à la face FF" du devant de la dent, on l'incline à partir de F d'une quantité RFK de 20° et on lui donne pour longueur le 1/5 du rayon de la roue. Cela fait, du point R comme centre, on décrit deux circonférences concentriques, la première par le point F" et la seconde tangente à la ligne FK. Les autres inclinés des faces des dents se forment en réunissant tangentiellement à cette dernière circonférence et dans un sens convenable, les points 1, 2, 3..., et en arrêtant les lignes à la circonférence qui passe par le point F".

Le reste du tracé de la roue s'achève ensuite en dessinant soit à la main, soit à l'aide d'un pistolet, la courbe *bb'* et en traçant les baguettes, le champ et le centre de la roue comme l'indique le dessin ; le derrière de la dent doit être suffisamment dégagé pour ne pas gêner la pénétration du levier d'entrée dans la roue ; la plus petite largeur à donner à la dent, comme la largeur du champ extérieur, est approximativement égale au 1/5 de la longueur du devant de la dent ; les quatre baguettes légèrement coniques, sont disposées sur deux diamètres perpendiculaires, leur plus petite largeur est celle de la largeur du champ extérieur. Enfin, le rayon du centre de la roue est environ les 2/9 du rayon de la roue. En d'autres termes, le diamètre du centre est un peu supérieur à celui du pignon d'échappement.

Angles de tirage

Pour dessiner les leviers, on fixe préalablement la quantité d'inclinaison ou de tirage en faisant aux points de repos E et F comme

[5] Si l'on voulait mettre le levier d'entrée au repos, il faudrait diviser la circonférence à partir du point E.

sommets et, à droite de chaque rayon RE et RF prolongés, les angles LEL' et MEM' de chacun 10°.

Tracé du levier d'entrée

Après avoir marqué sur la circonférence DEF le point *a* sur la ligne AH un peu en avant de l'extrémité *b* de la dent qui vient d'agir, de manière à figurer une légère chute *ab*, on décrit du point A comme centre, entre les lignes extrêmes AH et AJ, l'arc *a a'*. Le point *a'* représente l'angle du levier lorsque celui-ci est au repos, c'est-à-dire lorsque la fourchette ayant cheminé de 10° le levier est totalement enfoncé dans la roue.

En réunissant le point *a'* au point *d'*, intersection de la ligne de tirage EL' avec la ligne de repos AL, on a la position *a' d'* du plan d'impulsion lorsque le levier est au repos. Prenant ensuite la largeur *a'd'* du plan d'impulsion et la portant 2 fois ½ à partir de *d'* sur la ligne de tirage EL', on obtient le point *c'*, et *d'e'* est la longueur de la face de repos du levier. On achève le dessin du dit levier d'entrée au repos en menant *e'f* perpendiculaire sur *d' e'*, et *a'f* parallèle à *d'e'*. Pour obtenir la position de ce même levier, après son cheminement de 10°, c'est-à-dire lorsque les dents de la roue l'abandonnent, il y a lieu de procéder comme suit :

1. Placer le compas en A, l'ouvrir jusqu'en *d'* et décrire l'arc *gd'g'd* sur lequel on porte de *d'* en *d* la partie *g g'* de 10°, comprise entre les lignes extrêmes AH et AJ ;
2. Du même point A comme centre, et avec des ouvertures de compas successivement égales à A*f'* et A*e'*, décrire les arcs *f'f* et *c'e*, et les répéter en f_1 f_2 et e_1 e_2 entre les lignes AH et AJ.
3. Prendre successivement avec le compas à pointes sèches, les arcs f_1 f_2 et e_1 e_2 de chacun 10° et les porter, le premier de *f'* en *f*, et le second de *e'* en *e*.
4. Réunissant ensuite deux à deux les points *d, e, f, a*, on obtient la position du levier d'entrée dégagé de la roue, puisque chaque angle de ce levier au repos a cheminé de 10°.

Tracé du levier de sortie

1. Marquer le point *m*, intersection de la ligne de repos AI' avec la ligne de tirage FM', prendre la longueur *d e* de la face de repos du levier d'entrée et la porter de *m* en *n* sur la ligne de tirage

FM'. On obtient ainsi la face de repos du levier de sortie lorsque ce dernier est enfoncé dans la roue.

2. Dessiner une dent à une demi-division au-delà de celle qui est au repos. Dans cette position, elle a abandonné le levier de sortie et l'extrémité de celui-ci est à une faible distance *b' s'* de la pointe de la dent.
3. Du point A comme centre, ainsi que nous l'avons fait pour le levier d'entrée, faire cheminer les points *m* et *n* des quantités *m m'* et *n n'* de chacune 10°. En réunissant le point *m'* au point *n'*, on obtient la ligne *m n'* qui représente la face de repos du levier de sortie lorsque celui-ci est totalement dégagé des dents de la roue.
4. Du point *n'* mener sur *m' n'* la perpendiculaire *n' r'* et par *s'* mener *s' r'* parallèle à *m' n'*.
   La figure *m' n' r' s'* représente le levier de sortie totalement dégagé des dents de la roue.
5. Pour achever ce même levier au repos, il ne reste plus qu'à faire cheminer les points *r'* et *s'* des quantités *r' r* et *s' s* de chacune 10° et à réunir deux à deux les points *m n r* et *s*.

Centre du balancier

La distance du centre de la roue au centre B du balancier est relevée sur le calibre.

Elle correspond ordinairement ou à très peu près à trois fois le rayon de la roue.

Circonférence du doigt et longueur de la fourchette

Du centre A de l'ancre, faire de chaque côté de la ligne des centres A B des angles BAN et BAN' de chacun 5°.

Du centre B du balancier faire également de chaque côté de la ligne des centres des angles NBA et N'BA' de chacun 25°. Les intersections N et N' donnent le rayon BN = BN' du grand plateau jusqu'à la circonférence du bouton.

(Si l'échappement levait 40 ou 60°, les angles NBA et N'BA seraient chacun de 20 ou de 30°).

La circonférence totale du grand plateau est forcément plus grande que celle du bouton qu'elle porte, mais dans l'appréciation de cet excès de grandeur, il n'y a qu'une raison de solidité à envisager.

Ancre anglais

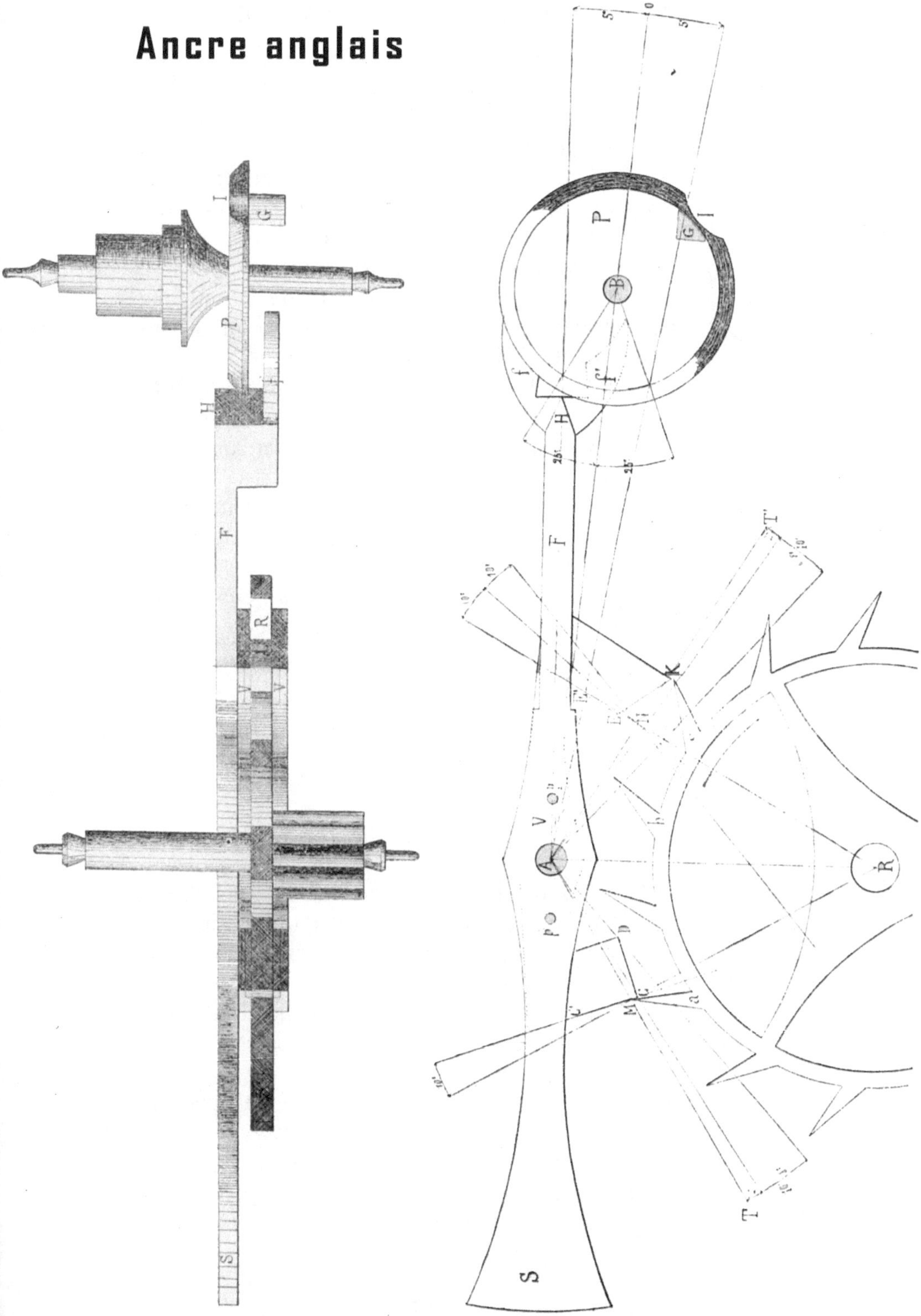

Tracé du bouton et du creux de fourchette

1. Prendre comme largeur de bouton la moitié de l'arc de levée NN', soit SN, et porter la moitié de SN de N en V, en V' et en V''.
2. Du point A comme centre décrire :
   a) l'arc *h h* qui détermine la profondeur du creux de fourchette ; cet arc doit, sur la ligne des centres, laisser un jour suffisant avec la circonférence du bouton ;
   b) l'arc *i i* passant par l'angle V' du bouton ; nous nous en servirons pour établir la largeur du creux de fourchette ;
   c) l'arc *l l* passant par l'autre angle V du bouton ; il limite la hauteur du creux de fourchette ;
   d) enfin l'arc *u u* limite les cornes ; on se rend compte que ces dernières peuvent être plus ou moins longues sans l'être toutefois jusqu'au point d'aller buter contre l'axe du balancier.
3. Pour la sûreté du jeu, il est nécessaire de donner un très faible jour entre les angles du bouton et le creux de fourchette comme le représente le dessin.

   On portera donc sur l'arc *i i* des largeurs *o x* et *o x'* très légèrement plus grandes que N V'. On déterminera de même les points *y* et *y'* en portant cette même ouverture de compas *o x* de part et d'autre de *o'*.

En menant les lignes *x y* et *x' y'*, et en les arrêtant à l'arc *h h*, on a le creux de fourchette.

Dessiner les fourchons

1. Porter sur l'arc *u u*, de chaque côté du point *o''*, deux distances égales *o'' q* et *o'' q'*, de manière à laisser une petite distance *q'' q* avec la circonférence du bouton, distance qui permettra l'évasement des fourchons.
2. Avec une ouverture de compas égale au diamètre du grand plateau et des points *y* et *q*, *y'* et *q'*, décrire les arcs 1.1, 2.2, 1'.1', 2'.2'.

   De l'intersection de ces arcs et avec la même ouverture de compas, décrire les courbes intérieures *y q* et *y' q'*.
3. Donner à la base des fourchons la solidité suffisante, arrondir la pointe et, avec la même ouverture de compas que précédemment, décrire des points 3 et 3' comme centres les courbes extérieures.

Petit plateau

Tracer la circonférence du petit plateau *p* dont le diamètre, avons-nous dit, est approximativement égal à la moitié de celui du grand.

Dard

Le dard est fixé au-dessous de la fourchette par un pied et par une vis. Sa forme peut être celle du dessin mais dans la pratique, on apporte généralement moins de soin à son exécution, la tête est moins large et pointue.

Dans la position représentée par le dessin, position qui correspond an cheminement total de la fourchette, on sait que le dard doit être à une faible distance du petit plateau.

Encoche du petit plateau

Du centre A de l'ancre, décrire un arc de cercle passant légèrement au-dessus de la pointe du dard pour éviter le frottement.

La distance 4, 5, comprise entre cet arc et la circonférence du petit plateau donne la profondeur de l'encoche. On reportera donc cette distance de 4' en 5' étant donné que l'encoche doit se trouver exactement en face du bouton.

La largeur minimum de l'encoche est égale à l'arc de levée mesuré sur la circonférence du petit plateau, mais pour éviter le frottement du dard à l'entrée et à la sortie, il y a lieu de donner à l'encoche une largeur sensiblement plus forte ; aussi, au lieu de porter 4, 6, et 4, 7, nous porterons 4', 6' et 4', 7'.

On achèvera le tracé de l'encoche en faisant passer un arc de cercle par les trois points 7', 5' et 6'.

Ancre et fourchette

Du centre de l'ancre A décrire un arc de cercle de rayon A *c*, laissant un jour suffisant avec la roue, marquer les points *z* et *z'*, à mi-longueur des leviers et, avec une ouverture de compas un peu moindre que le rayon de la roue, raccorder les points *z* et *z'* avec l'arc de rayon A *c* préalablement tracé.

Des sommets *e*, *f*, *n* et *r* des leviers, avec une ouverture de compas égale aux $^2/_3$ de la largeur des leviers, décrire des quarts de cercle que l'on raccordera par des tangentes comme l'indique le dessin.

Le dessus des bras de l'ancre comprend une partie parallèle à la courbe de dessous et deux arcs raccordant cette partie médiane avec la fourchette et avec la partie parallèle aux leviers. Le bras de gauche, plus court, doit être tenu pour raison d'équilibre et pour faciliter l'assise de l'oreille du contrepoids, légèrement plus fort que celui de gauche.

La fourchette dégagée au-dessous du dard est tenue légèrement conique.

Contrepoids

Le contrepoids peut être ajusté à frottement gras sur l'ancre et maintenu par une vis ou, comme dans notre dessin, taraudé sur l'axe et fixé par un pied.

Plus il est long mieux il assure la stabilité de l'ancre, mais trop long et trop ouvert, il risquerait d'aller buter contre la creusure de la platine ; de même que trop fermé, il risquerait de buter contre l'axe de la roue. Il faut éviter ces deux extrêmes.

La forme que nous lui avons donnée dans notre dessin est dénommée *contrepoids Bréguet*, les extrémités portent deux vis à large tête, que l'on peut faire en or pour augmenter leur poids au bénéfice de l'équilibre.

Cheminement de la fourchette

Le cheminement de la fourchette est limité par une entaille pratiquée dans la platine ou par des plots ou chevilles *w* et *w'* implantés dans la platine et contre lesquels la fourchette bute lorsque son axe occupe les positions extrêmes indiquées par les lignes AN et AN'.

Remarque. - Dans le dessin que nous présentons, le plan d'impulsion du levier de sortie se trouve incliné de plus de 5°, quantité précédemment fixée. Il surpasse de 5° l'arc *t s*.

Ce surplus est indispensable pour que la roue puisse procurer à l'ancre un mouvement angulaire de 10°. En effet, supposons que le plan d'impulsion *m s* soit suivant *m t*, c'est-à-dire seulement incliné de 5°.

Comme la roue d'échappement ne peut faire monter le levier que jusqu'au point *b'*, sur la circonférence D'F'D", il en résulterait que le levier ne cheminerait pas de 10°.

Mais grâce à l'augmentation *t s* donnée à l'incliné, son cheminement *s s'* est bien de 10°, soit égal à l'arc décrit de A comme centre par le point *s* et compris entre les lignes AH' et AJ'.

16 - Calculer les proportions de l'échappement

Problème. - *Dans un échappement à ancre, la roue a 68 dixièmes de mm de diamètre : la distance du centre de l'ancre au centre du balancier égale le diamètre de la roue d'échappement, l'ancre embrasse 3 dents ½ et la roue a 15 dents ; la levée est de 50° sur le balancier et de 10° sur la roue.*

Calculer :

1. *la distance du centre de l'ancre au centre de la roue ;*
2. *la longueur des bras d'échappement jusqu'aux points de repos ;*
3. *la longueur de la fourchette jusqu'à la naissance des cornes ;*
4. *le rayon du grand plateau jusqu'à la circonférence du boulon.*

Solution

Ce problème est une application de quelques principes élémentaires de la trigonométrie, à savoir :

1. *Dans un triangle rectangle, chaque côté de l'angle droit est égal à l'hypoténuse multipliée par le sinus de l'angle opposé au côté que l'on cherche.*
2. *Dans un triangle rectangle, chaque côté de l'angle droit est égal à l'autre côté de l'angle droit multiplié par la tangente de l'angle opposé au côté que l'on cherche.*
3. *Dans un triangle rectiligne, les côtés sont entre eux dans le même rapport que les sinus des angles opposés.*

La figure 47 représente le schéma d'un échappement à ancre.

Le centre R de la roue, le centre A de l'ancre et le point de repos F forment le triangle rectangle AFR dans lequel on a à calculer la distance AR du centre de l'ancre au centre de la roue, et la longueur AF du bras d'échappement.

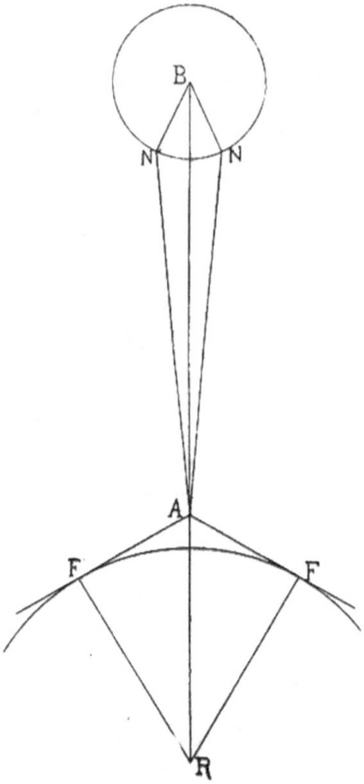

Fig. 47.

On connaît RF, rayon de la roue = 68 / 2 = 34 dixièmes de mm et l'angle ARF= 30°, la moitié de l'angle d'ouverture (voir p. 40). Par suite, l'angle FAR = 60°.

Pour calculer la distance du centre de l'ancre au centre de la roue, basons-nous sur le 1er principe rappelé ci-dessus, qui permet d'écrire :

RF = AR x sin angle FAR
d'où AR = RF / sin angle FAR
= 34 /sin 60°
log A R = log 34 - log sin 60°
log 34 = 1,53148
- log sin 60° = 0,06247

log AR = 1,59395
A R = 39,26

1ere réponse. – La distance du centre de l'ancre au centre de la roue égale 39,26 dixièmes de mm.

Le second principe nous permet de calculer AF, la longueur du bras de l'échappement. On a :

AF = FR x tg angle ARF = 34 x tg 30°
log A R = log 34 + log tg 30°
log 34 = 1,53148
log tg 30° = 1,76144

log AF = 1,29292
AF = 19,675

2 eme réponse. – La longueur du bras d'échappement est de 19,675 dixièmes de mm.

Dans le triangle ABN on connaît AB, distance du centre de l'ancre au centre du balancier = le diamètre de la roue = 68 dixièmes de mm et les angles BAN et ABN qui valent respectivement 5 et 25°.

Par suite, l'angle N = 180° - (5° + 25°) = 150°.

Pour calculer la longueur AN de la fourchette nous pouvons écrire, d'après le 3e principe :

AN / AB = sin angle ABN / sin angle ANB
ou
AN / 68 = sin 25° / sin 150°
d'où
AN = 68 x (sin 25° / sin 150°)

log AN = log 68 + log sin 25° - log sin 150°.
log 68 = 1,83251
log sin 25° = 1,62595
- log sin 150° ou 30° = 0,30103

log AN = 1,75949
AN = 57,474

3 eme réponse. – La distance de la fourchette = 57,474 dixièmes de mm.

Le même principe permet encore de calculer le rayon du grand plateau. On a :

BN / AB = sin angle BAN / sin angle BNA
ou
BN / 68 = sin 5° / sin 150°

log BN = log 68 + log sin 5° - log sin 150°
log 68 = 1,83251
log sin 5° = 2,94030
- log sin 150° ou 30° = 0,30103

log BN = 1,07384
BN = 11,853

4 eme réponse. – Le rayon du grand plateau = 11,853 dixièmes de mm.

17 - Ancre de côté

Il arrive très souvent dans les montres ordinaires à ancre que la fourchette, au lieu d'être placée comme dans les tracés 1, 2 et 3 de la planche I est disposée comme l'indique la planche suivante : de là le nom d'échappement à ancre de côté.

Le jeu et les principes de cet échappement sont identiquement les mêmes que ceux de l'ancre droit.

Ainsi que nous l'avons dit à la page 22, on emploie rarement dans l'échappement à ancre de côté un dard et un petit plateau pour empêcher le renversement de la fourchette. Le petit plateau est supprimé et le dard est remplacé par une goupille D implantée sur la fourchette.

Pendant l'arc supplémentaire, la circonférence du grand plateau passe devant cette goupille sans la toucher, mais presque en l'effleurant. Si par l'effet des secousses du porté l'ancre tend à se déranger, la goupille vient de suite appuyer contre le grand plateau et assure ainsi la rentrée du doigt dans l'entaille.

La goupille D doit être implantée bien droite et le plus près possible du creux de la fourchette. Si la première de ces conditions n'était pas remplie, la goupille, d'un côté, aurait trop de jour avec le grand plateau, et de l'autre elle n'en aurait pas assez.

En second lieu, si l'on disposait la goupille trop loin du creux, ou que celui-ci fût plus profond que ne l'exige l'ébat du boulon, il faudrait en ce cas un plateau plus grand.

Nous avons également vu que d'autres fois, la goupille précédente est remplacée par une saillie triangulaire (fig. 19-20) ménagée à l'extrémité de la fourchette et dégagée en forme de pointe qui vient effleurer le fond de l'entaille de la fourchette, dans le but de diminuer le plus possible le contour du disque qui porte le bouton. Cette saillie,comme la goupille, agit contre le corps du grand plateau pour prévenir le renversement.

PLANCHE VI

Ancre anglais

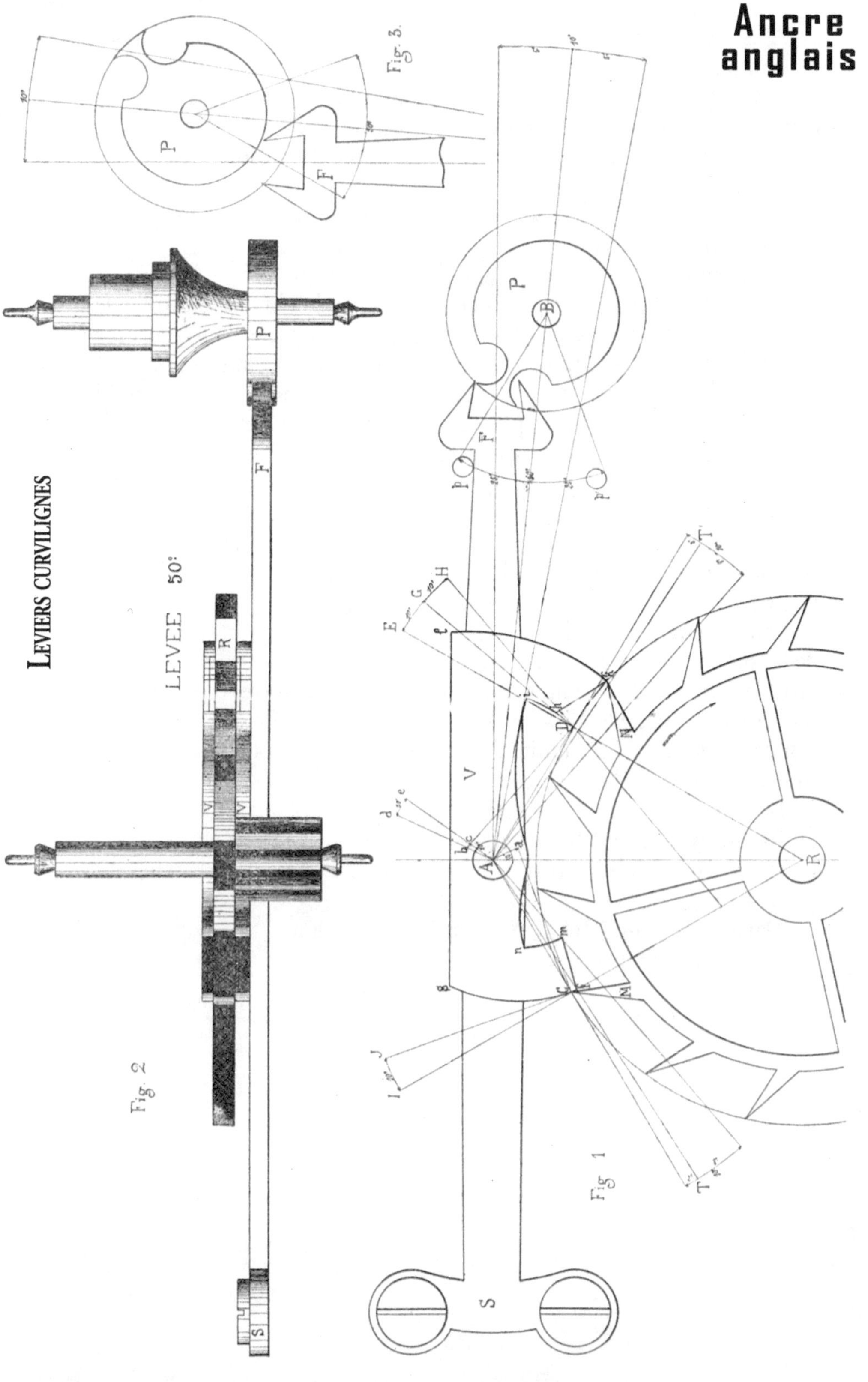

Ainsi qu'on l'aura compris, dans chacun de ces deux cas, le grand plateau ne peut plus être découpé.

Il doit être bien rond, à part une échancrure pratiquée parfaitement en face du bouton C, assez large et assez profonde pour assurer la rentrée et le cheminement de la goupille ou de la saillie de la fourchette, sur la ligne des centres.

Ces deux moyens d'empêcher le renversement ne fonctionnent pas dans d'aussi bonnes conditions que le dard et le petit plateau.

La goupille et la saillie appuient beaucoup plus loin de l'axe et occasionnent un frottement plus considérable ; de plus, si le jour laissé entre l'une et l'autre de ces deux pièces et le plateau est un peu plus grand, la fourchette risque de passer outre et la montre renverse ; pour le moins, le contact se fait tellement près de la ligne des centres qu'il engendre un frottement, ou plutôt un arc-boutement qui, s'il n'arrête pas le balancier, rendra le réglage très difficile, souvent impossible. Aussi dans les pièces soignées préfère-t-on employer un dard et un petit plateau. Il est vrai que cette dernière construction est plus difficile mais, outre qu'elle est plus élégante, le dard appuyant plus près de l'axe occasionne un frottement moindre que celui produit par la saillie ou la goupille.

Dans l'échappement à ancre de côté, c'est toujours le prolongement de la fourchette qui fait fonction de contrepoids. Ce contrepoids peut avoir la forme que nous lui avons donnée, dite en crosse, ou celles que montrent les planches V, VI et VIII. Il y a lieu de veiller à ce que, dans son cheminement, l'extrémité de la crosse ne vienne ni buter contre la roue ni ne sorte de la platine.

L'ancre est vissé sur l'axe. Dans le dessin de la planche IV, le centre du balancier est pris à 5° au-dessus de la perpendiculaire élevée sur la ligne des centres A R. Cette disposition donne à l'ancre une forme plus gracieuse.

Dans l'ancre de côté, l'axe d'ancre et le pignon d'échappement n'ont généralement pas de contre-pivot.

18 - Ancre anglais à leviers rectilignes

La planche V représente l'échappement à ancre anglais à leviers rectilignes, ainsi appelé parce qu'il fut d'abord principalement exécuté en Angleterre, et notamment par les ouvriers des fabriques de Liverpool.

Il est dit à leviers rectilignes parce que les faces de repos CC' et EE' sont rectilignes comme dans l'ancre droit et l'ancre de côté.

Dans cet échappement, les leviers ou pierres sont généralement incrustés dans des entailles pratiquées, non pas dans un plan perpendiculaire à l'ancre, mais dans le plan même de l'ancre.

De sorte qu'en regardant l'ancre, soit de dessus, soit de dessous, on n'aperçoit pas les leviers, on ne les voit que si on regarde l'ancre par côté.

Cette disposition des leviers vaut aux échappements dans lesquels elle est adoptée la dénomination d'*ancres à leviers couverts*.

Les dents de la roue R sont longues et pointues, de sorte que l'incliné par lequel se donne l'impulsion est tout entier sur les leviers.

Une telle roue est très facile à tailler mais, du fait de la grande largeur des leviers, l'échappement exige un peu plus de chute que les précédents.

En effet, nous reportant à la figure, on voit que, lors du dégagement du levier d'entrée, l'extrémité K du levier de sortie risque de venir buter contre la dent *c* si cette dernière ne s'est pas avancée suffisamment, et l'on sait que la quantité dont avance la dent qui vient d'échapper correspond à la chute.

L'ancre et la fourchette sont le plus souvent de deux pièces distinctes : l'ancre V est ajusté à frottement sur une portée de l'axe, pendant que la fourchette F est vissée sur l'axe, au-dessus de l'ancre ; elle est reliée à ce dernier par un ou deux pieds *p*.

Le contrepoids est de la même pièce que la fourchette dont il est le prolongement.

Dans le dessin, la disposition adoptée pour prévenir le renversement de la fourchette est celle qui consiste à remplacer la goupille figurée dans l'ancre de côté par une saillie triangulaire H, ménagée à l'extrémité de la fourchette, voir page 23.

PLANCHE VII

Échappement à ancre

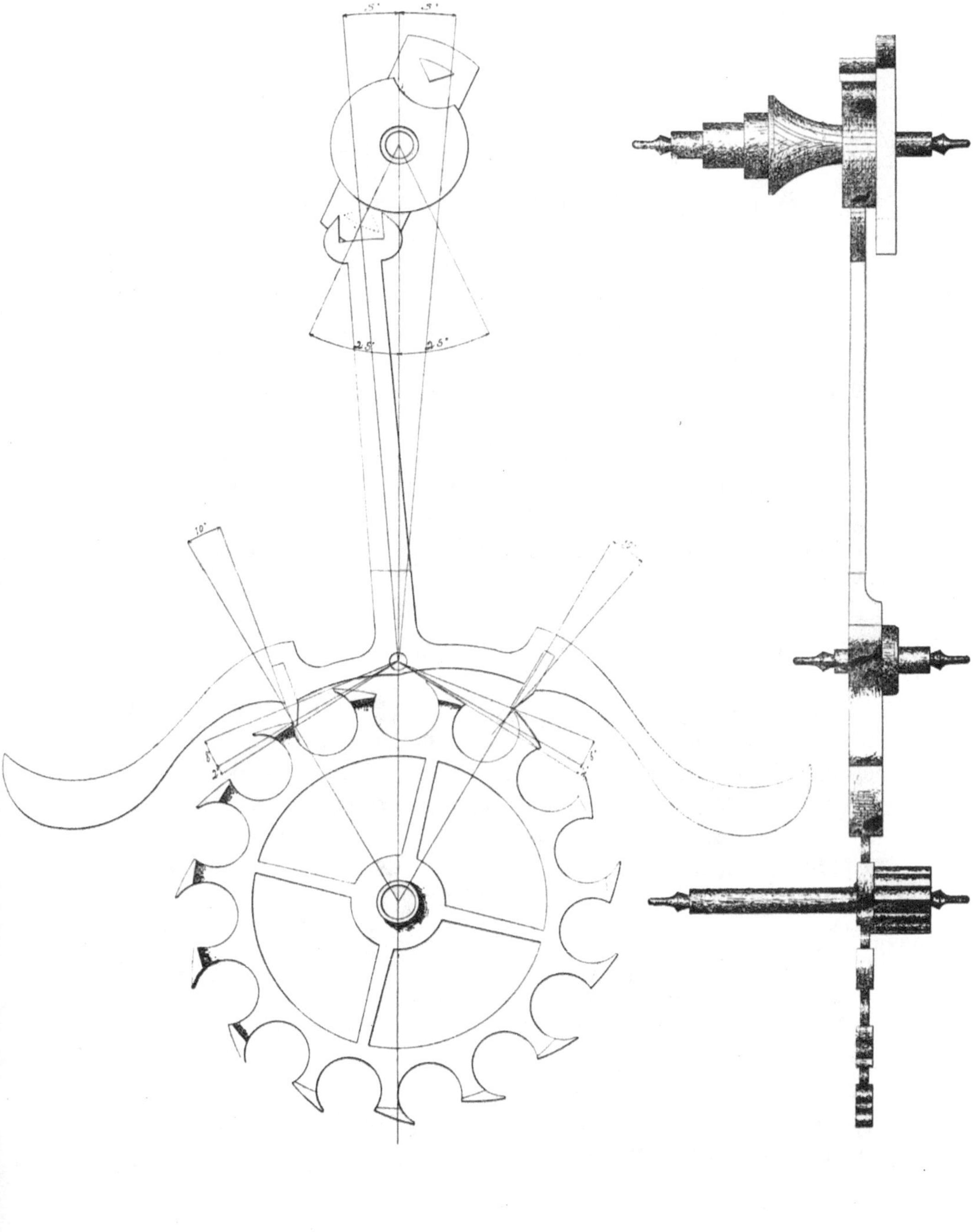

19 - Ancre anglais à leviers curvilignes

Dans l'échappement à ancre anglais, les faces de repos *g f* et *i h* sont fréquemment curvilignes et décrites du centre de l'ancre.

Ainsi construit, l'échappement n'a pas de tirage et les moindres secousses du porté amènent l'extrémité de la fourchette en contact avec le plateau.

Pour introduire du tirage qui, ainsi que nous l'ayons vu, est absolument nécessaire dans les échappements à ancre exposés aux secousses du porté, on procède ainsi qu'il suit :

Lorsque sur la plaque on a déterminé l'angle d'ouverture CRD, on trace comme dans l'ancre droit les lignes de tirage CJ et DG.

Puis, du point de repos C, on élève sur la ligne de tirage CJ la perpendiculaire C*a* ; de même que du point de repos D, on élève la perpendiculaire D*c*.

De chacun des points de repos C et D comme centres, et avec une ouverture de compas allant jusqu'au centre de l'ancre, on décrit ensuite des arcs dont les intersections *a* et *c* avec les perpendiculaires précédentes donnent les centres de courbure de chacun des deux leviers lorsque ces derniers sont au repos.

Du centre *a*, on décrit donc les courbes *f g* et *m n* du levier de rentrée représenté au repos dans la planche VI.

Si le levier de sortie était lui aussi au repos, on décrirait les arcs *h i* et *k l* du centre *c*, mais ledit levier a cheminé de 10° autour du point A et conséquemment le centre de courbure *c* aura également cheminé de 10° autour du même centre A de l'ancre et aura passé en *b*. C'est donc de ce dernier point que doivent être décrits les arcs *h i* et *k l* du levier de sortie.

On obtient de cette façon le même tirage que celui dont nous avons parlé dans l'ancre droit.

Planche VIII

Échappement à ancre

LEVEE 50'

Élévation

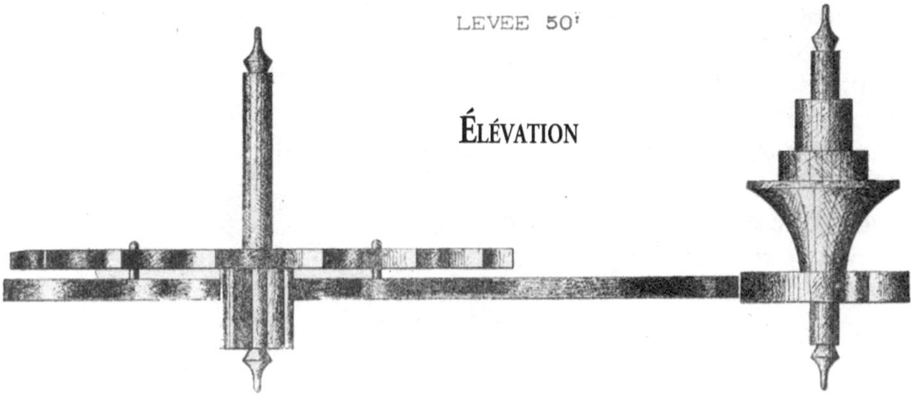

Plan

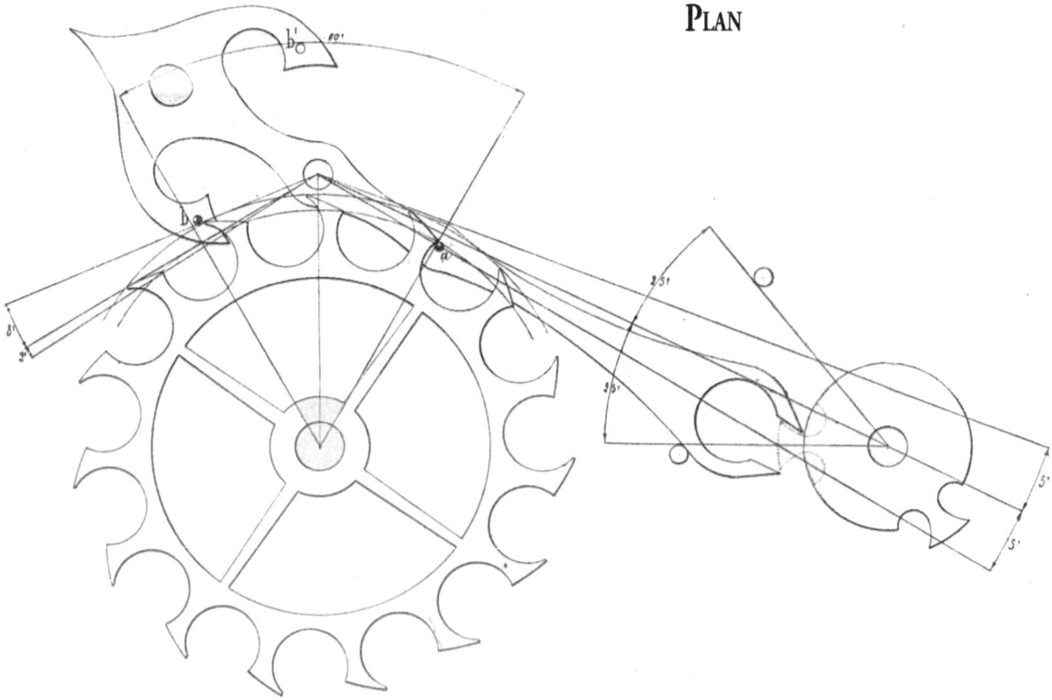

Les courbes *m n* et *k l* ne sont pas nécessairement décrites des centres *a* et *b,* elles pourraient tout aussi bien être rectilignes ou même concaves mais il y aurait inconvénient à augmenter leur convexité, car la pointe des dents pourrait venir buter contre lors du dégagement.

Dans le cas d'une fourchette telle que celle que représente le dessin, les faces internes de l'entaille sont parallèles, quant aux faces externes, elles ne doivent pas toucher au plateau P lorsqu'au repos, la fourchette appuie contre l'une des goupilles *p* et *p'* ou contre l'une des faces de la creusure.

Le plateau porte un doigt qui remplace le bouton.

Le doigt est dégagé en arrière de façon à permettre le passage de la fourchette sur la ligne des centres.

On se rend compte que dans les secousses violentes du porté, les extrémités des faces du creux de la fourchette viennent appuyer contre le corps du plateau, prévenant ainsi le renversement.

Mais ce contact est plutôt défectueux en ce qu'il se fait très près de la ligne des centres.

Comme dans l'ancre anglais à leviers rectilignes, le contrepoids S est le prolongement de la fourchette, laquelle est ajustée sur l'axe et reliée à l'ancre par un ou deux pieds ; l'ancre, par dessus, est vissé sur l'axe.

20 - Ancre à leviers pointus

Dans l'échappement que représente la planche VII, l'incliné, à l'inverse de l'échappement à ancre anglais, est tout entier sur la dent ; par suite, les leviers sont pointus.

Une telle disposition présente l'avantage suivant : à tout instant de la levée les bras de leviers d'impulsion sont égaux, résultat qu'il n'est pas possible d'obtenir avec les autres échappements à ancre.

La forme donnée à la roue, dans le dessin, fait voir qu'il est possible de transformer un échappement à cylindre en échappement à ancre. Il suffit dans ce cas, d'observer si l'incliné de la dent est suffisamment prononcé pour faire cheminer l'ancre de 10° ; dans la négative, il faut augmenter l'incliné en retouchant les dents avec une lime en rubis.

Dans le but de réduire la chute au minimum, les leviers de l'ancre doivent être aussi minces que possible, c'est-à-dire n'avoir que l'épaisseur voulue pour la solidité.

Le grand et le petit plateau ne sont pas montés, comme à l'ordinaire, le grand est par-dessous avec le bouton en l'air, de sorte que la fourchette passe au-dessus du grand plateau et non pas au-dessous.

Le trou du petit plateau, ajusté au-dessus du grand est sensiblement plus fort que celui de ce dernier.

Le contrepoids dessiné tire son nom de sa forme, il est dit à *ailes de pigeon.*

21 - Ancre à chevilles

L'échappement que représente la planche VIII diffère du précédent en ce que l'ancre n'a pas de leviers, ces derniers sont remplacés par des chevilles, mais les fonctions sont absolument les mêmes.

On veille toutefois, dans le but de donner du tirage à l'ancre, à ce que, au repos, le talon de la dent soit en contact avec la cheville, non pas sur la ligne qui joint le centre de l'ancre au centre de la cheville, mais un peu au-dessus. De ce fait, la roue, au moment du dégagement, est assujettie à un léger mouvement de recul.

L'axe de l'ancre est un axe de symétrie. Si donc la cheville de sortie *a* déborde de part et d'autre de l'ancre, on peut disposer ce dernier sens dessus dessous, à la condition d'implanter la cheville d'entrée *b* dans le trou *b*.

Le creux de la fourchette est constitué par un trou circulaire ayant son centre sur l'axe.

Le plateau représenté par le dessin est celui que nous avons étudié dans l'échappement à ancre anglais à leviers curvilignes (planche VI).

DÉFAUTS DE CONSTRUCTION OU DÉFAUTS ACCIDENTELS POUVANT ÊTRE RELEVÉS DANS LES ÉCHAPPEMENTS À ANCRE

Défauts de construction

- Les tirages ;
- Les repos ;
- Les chutes ;
- Les distances de centres ;
- Les faces de repos des roues ;
- Les chemins perdus ;
- L'ébat du dard ;
- L'ébat du bouton ;
- Les hauteurs ;
- La longueur des cornes ;
- La roue mal ronde ;
- La roue ne tourne pas plat.

Défauts accidentels

- Le bouton mal gommé ;
- L'entrée de la fourchette mal polie ;
- Les dents mal polies ;
- Le bouton trop long ou trop court ;
- Le contrepoids bouge ;
- Le dard bouge ;
- Le dard arc-boute avec le plateau ;
- Il y a de l'huile aux points de limitation de la fourchette ou au dard ;
- Renversement ;
- Aimantation.

Remerciements

Nous souhaitons remercier vivement Messieurs Roy et Simon BAIERLIN de nous avoir prêté l'original de cet ouvrage et avoir pu ainsi réaliser cette réédition.

Spécialisés dans l'horlogerie et responsables du Centre Horloger de Provence à Entraigues sur la Sorgue, Roy et Simon BAIERLIN ont répondu très rapidement à nos sollicitations et nous sommes heureux de pouvoir, ici, les en remercier.

Centre Horloger de Provence
100, chemin du Barrage
84320 Entraigues sur la Sorgue
Tel : 04 90 82 99 11
Email : contact@horlogerie-ancienne.com
Web : www.horlogerie-ancienne.com

Table des Matières

Sciences & Techniques

www.decoopman.com

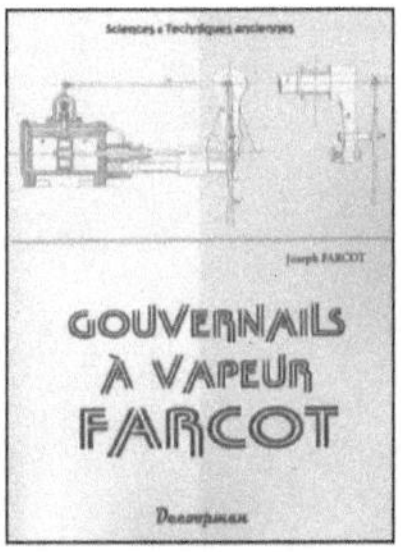

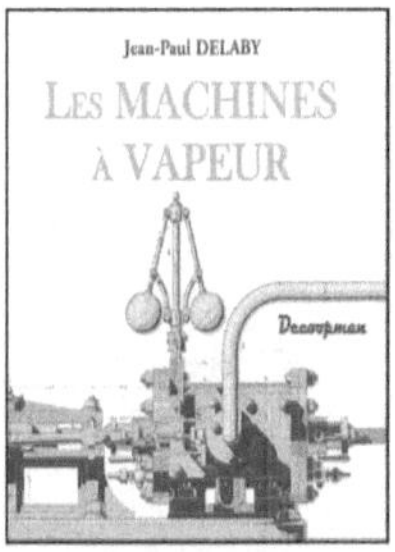

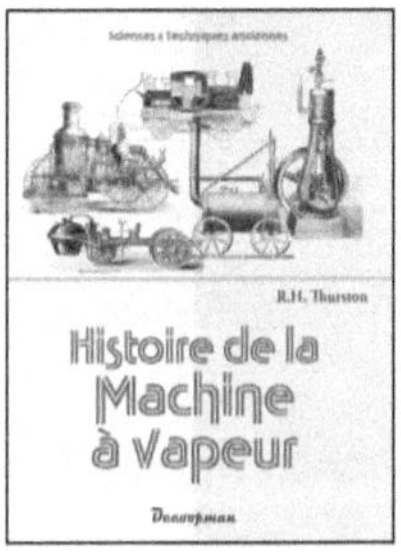

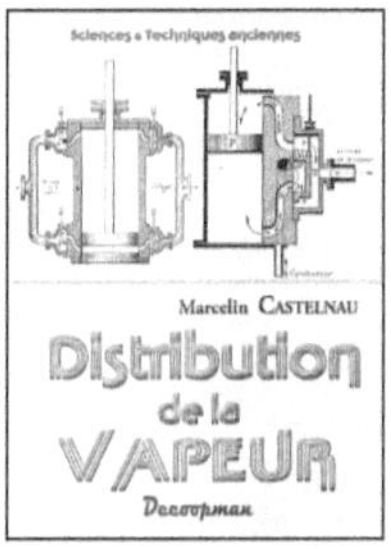

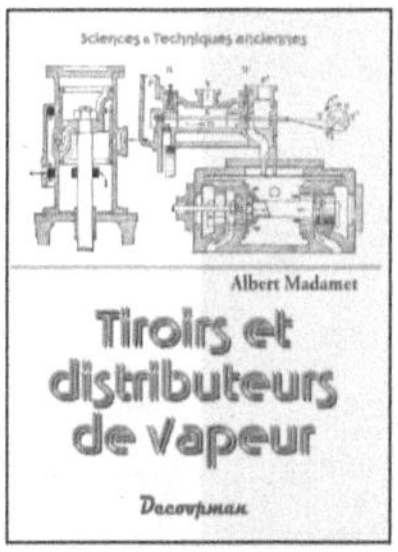

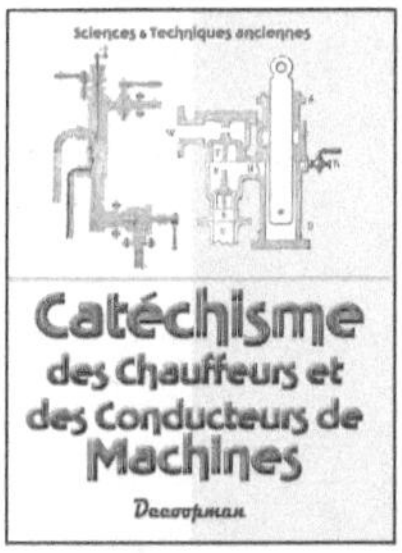

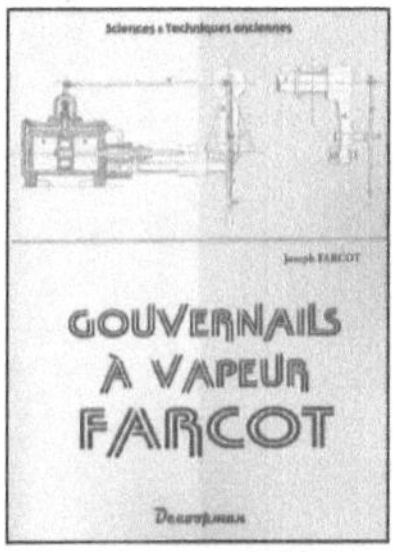